中国灾害社会心理工作丛书

灾后儿童社会心理工作手册

Post-disaster Children's
Psychosocial
Work Handbook

主编◎沈文伟　副主编◎陈会全

社会科学文献出版社
SOCIAL SCIENCES ACADEMIC PRESS (CHINA)

推荐语 1

  本书以一线实务工作的经验为基础，总结了在地震灾害情境下儿童救助的理论视角和服务方法。发现不同文化背景下儿童面对灾害的行为有不同特点，中国（灾区当地）文化下的灾害救助要注意修复他们的社会环境，要注意跨学科、跨部门合作。

北京大学社会学系教授、中国社会工作教育协会会长 王思斌

2014 年 12 月

推荐语 2

> 工欲善其事，必先利其器。
>
> ——《论语·卫灵公》

社会工作是一门应用科学和可践行的专业，它始自教育，及至服务，再延伸至本地理论的建立。社会工作在中国的发展方兴未艾，此手册的出版，不单可起补白的作用，它同时是一本实在、有用和针对需要的工具书，对教学、培训和实务都大有裨益，我诚意推荐！

危难中透着机遇，天灾或不能避免，但可借整合和提炼在救灾过程中所累积的经验，提供有用的参考材料和工作工具，让社工、志愿者们更快、更有效和更具体地为受灾的儿童提供适切的社会心理服务，减轻因灾祸带来的冲击、创伤和困惑。重建由"心"开始！

香港理工大学副校长　阮曾媛琪教授
2014 年 12 月

推荐语 3

Working with children post – disaster is an important issue for social workers. This post – disaster pyschosocial work toolkit for working with children is an essential read for anyone working with children in post – earthquake disasters in China. It has been written from a practice base and is aimed at practitioners wanting to know how to do this difficult, if rewrding work.

Durham University, Professor Lena Dominelli

December, 2014

从事灾后儿童工作是社会工作者的一项重要责任。这本《灾后儿童社会心理工作手册》是中国任何一个灾后儿童社会工作者的必备读物。它的编写是以实务为基础，且受众是那些想要了解如何从事这项艰巨而有益的工作的实务工作者。

英国杜伦大学　Lena Dominelli 教授

2014 年 12 月

总　序

积极参与灾害救援与灾后恢复重建是社会工作的重要使命，大力发展灾害社会工作是提升灾害管理能力的必然要求。2008年5月12日，我国发生了汶川特大地震，这是世界历史上最大的自然灾害之一，共造成69227人丧生、374643人受伤、17824人失踪，给灾区人民生产生活造成了极大损失。地震发生后，有1000多名来自全国各地的社会工作者参与了灾害紧急救援、灾区群众过渡性安置和灾后恢复重建工作。他们秉承助人自助的专业理念、发扬无私奉献的专业精神，围绕灾区群众需求开展了心理疏导、情绪抚慰、残障康复、社区重建、生计支持、能力提升等一系列服务项目，得到了灾区党委政府和群众的充分认可。特别是在灾区党委政府的重视支持下，通过外来资源与本地力量的协作联动，组建了一批灾区本地的社会工作人才机构，使社会工作支援项目转化成了灾区本地项目，使社会工作专业理念、知识、方法在灾区落地生根，实现了社会工作的本地化、可持续发展。

社会工作在汶川地震中的介入，是我国首次开展灾害社会工作实务探索，在灾害救援和社会工作发展历史上具有里程碑意义。在之后发生的甘南舟曲特大泥石流灾害、玉树地震、雅安芦山地震中，社会工作介入汶川地震的经验被充分借鉴并得到进一步丰富和发展。民政部在此基础上制定出台了《关于加快推进灾害社会工作服务的指导意见》，并在2014年8月云南鲁甸地震发生后首次统筹实施了国家层面的社会工作

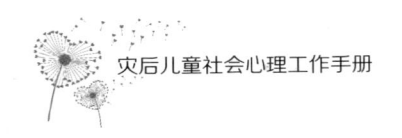

服务支援计划,将灾害社会工作推向了新的发展阶段。

灾害社会工作是一个非常特殊的专业领域,社会工作者在灾害管理中扮演着多种角色,需要与政府部门、社区机构、社会组织、企业等方面建立良好协作关系,针对灾后不同阶段特点,为不同服务对象提供个性化服务,这对灾害社会工作者的能力素质提出了很高要求。由于我国社会工作发展起步较晚,与社会工作发达国家和地区相比,灾害社会工作的教学研究与实务积累较为欠缺,迫切需要加强国(境)内外的交流合作,不断提升国内灾害社会工作的职业化专业化水平。

我国灾害社会工作的孕育发展,得到了香港社会工作同仁的大力支持。其中,来自香港理工大学的沈文伟博士在香港怡和集团思健基金会的资助下,与成都信息工程学院、四川农业大学、西南石油大学、乐山师院等高校合作开展了"四川灾后社会心理工作项目"。该项目自2009年2月开始,到2016年12月结束,致力于为灾区学校的学生、教师及其家庭、社区提供社会心理健康服务,为国内同行开展灾害社会工作提供了典型示范。此外,沈文伟博士通过"地震无疆界项目",与英国剑桥、牛津、杜伦、赫尔、利兹、诺森比亚等高校的专家学者以及英国海外发展部、地质调查局、国家土地观测中心、灾害风险应急中心等机构密切合作,在哈萨克斯坦、吉尔吉斯斯坦、印度、意大利、希腊、土耳其、伊朗、尼泊尔等国家开展了一系列灾害社会工作研究与实务项目,对建立多学科交叉、跨部门联动的灾害社会工作服务机制,提升地震灾害的综合应对能力进行了卓有成效的探索。

经过汶川特大地震以来六年多的实践积累,沈文伟博士及其合作伙伴总结了近年来灾害社会工作研究成果以及汶川、陕西等地区防灾减灾、灾害救援和灾后恢复重建工作经验,精心编著了"中国灾害社会心理工作丛书"。丛书所包含的成果具有很强的实用价值,能够指引灾害社会工作者科学开展社会心理需求评估工作,设计实施社会心理服务项目。这些成果已经在芦山地震和鲁甸地震灾后恢复重建工作中得到了有效应用。同时，该丛书也有助于丰富社会工作教学内容，促进培养实务型社会工作人才特别是从事灾害管理与灾后恢复重建工作的社会工作者。我十分期待"中国灾害社会心理工作丛书"的出版发行，并愿意向广大社会工作从业人员推荐。

伴随着近年来中央一系列社会工作重大政策和相关法规的出台，我国社会工作事业迎来了蓬勃发展的春天。民政部社会工作司将坚持不懈地推进包括灾害社会工作在内的各项社会工作事业发展，充分发挥社会工作者的重要作用，增进人民群众的社会福祉。也真诚地希望社会工作教育、研究、实务、行政各界同仁，秉承社会工作的专业价值，发扬社会工作的专业精神，坚守社会工作的专业理想，精诚团结、继往开来、不断提升，为我们共同热爱的社会工作事业贡献更多智慧与努力。

是为序。

民政部社会工作司司长　王金华
2014 年 9 月 22 日

前言
具有抗逆力的儿童：中国灾后
社会心理工作模式

在面对灾害时，儿童会表现出超出我们想象的抗逆力。一般情况下，只有小部分儿童会出现严重的心理问题，需要在救灾过程中给予特别的关心。着眼于创伤和相关病理分类的西方精神卫生治疗不一定适合不同的文化和情境，儿童的健康通常依赖安全的家庭关系、稳定的环境、有力的社会支持和社会联系（Arntson and Knudsen，2004；Duncan and Arntson，2004）。灾难情境下国际通行的模式，即关注儿童的精神病理学特征，在不同的文化背景下需要改变。机构间常设委员会（Inter-Agency Standing Committee）反复指出（IASC，2007：4），精神卫生和社会心理工作中的一个"普遍错误"是忽视了由不同年龄、性别、社会文化背景和紧急状况带来的资源，仅仅关注被影响群体的劣势、弱点、痛苦和病理。联合国儿童基金会认为，在紧急状况之下，通过社会心理的支援（Psychosocial Support）提升家庭的能力，从而让儿童在家庭层面得到更好的教育和支持是十分重要的。同时，需要帮助家长建立他们的社会网络，以便家长在困境中得到正式支持（Normally Sustain）。

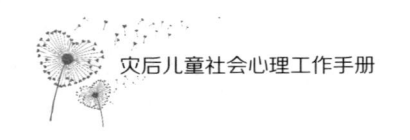

汶川震后，与中国儿童一起工作

在 2008 年 5 月 12 日的汶川大地震发生之后，香港理工大学应用社会科学系迅速进入灾区，与其他机构合作，其中包括一些香港的非政府组织（NGOs），如香港小童群益会，国际的非政府组织，如救助儿童会（中国项目），以及四川本地的大学，如成都信息工程学院、乐山师范学院、四川农业大学、西南石油大学等高校；我们在灾民过渡板房中为儿童提供服务，组织了一系列有意义的暑期活动，这些活动大多由做游戏和讲故事等趣味活动构成，旨在帮助受灾儿童恢复常态，提升他们的抗逆力。

经过 6 年的服务，我们对社会心理工作的理论基础、目标、理论框架、组织和独有的特点，进行了初步反思和总结（Sim, 2009；Sim, 2011），强调社工需要超越社工传统的和精神病理学的方法，认识到众多不同学科融合的必要性，推动使用以预防和正向发展为本的服务规划。在运用社工非常熟悉的生态视角时，我们特别强调连接家庭、学校和社区，因为这三者都被视为学生发展的主要社会环境。

四川灾后社会心理工作模式

在以上工作的基础上，与儿童及其学校、家庭、社区一起工作时，我们发展和总结了一套工作模式，可以称其为四川灾后社会心理工作模式，希望可以给内地或是来自其他国家或地区的社工、精神卫生工作者、教师、政策制定者和研究者在类似情况下提供有益的借鉴。"四川"（SICHUAN）模式包含 7 个重要的观点，由 13 个相互连接的概念构成，这些概念是在我们与儿童及其成长环境工作的过程中认为非常有用的。

S：（1）摸着石头过河、一步一步来；（2）可持续性的服务；

I：（3）重在参与；（4）包容；

C：（5）尊重环境；（6）珍视不同的应对机制；

H：（7）发扬当地的文化传统；（8）巩固服务对象在灾后环境中固有的支持网络；

U：（9）共同合作、努力：研究者－实务工作者；跨学科；非政府组织－政府组织；本土－境外；

A：（10）助人自助：帮助居民实现自助、互助；

N：（11）不添烦；（12）不添乱；（13）不造成二次伤害。

这个模式已经发展了6年。我们服务的儿童以及他们的学校、家庭和社区启发我们不断地反思；同时，社工、督导和顾问也在不停地合力完善这个模式。

本手册根据在四川的6年工作经验整理而成，我们的社会工作者和康复治疗师根据以上模式，把在灾区的工作经验细细地加以记录，系统地提出一些在实际工作中总结出的行之有效的行动方法。

我们的合作伙伴Mindset思健（香港怡和集团旗下的慈善机构）将会为我们的工作在2014~2016年追加3年的资金支持，帮助我们把这个工作模式扩展到更多的社区中，对此我们深表感谢。

在中国，自然灾害是极为普遍的，2008年"5·12"汶川大地震后又发生了2010年"4·14"玉树地震，2013年"4·20"雅安地震，以及2014年刚刚发生的"8·3"云南鲁甸地震。由于云南鲁甸地震和四川汶川地震有相似之处，我们有责任将过去6年的工作经验尽快整理成册，为鲁甸震后重建，特别是为云南的灾害社会工作者提供借鉴和指引，帮助云南地震灾区的儿童尽快恢复、环境尽快重建。

灾害的频繁发生给中国的灾害社会工作发展提供了契机，我们期望在云南地震灾区及其他相似境况下，使用这一模式来指导我们的工作，进而检验、完善和确证这一模式，这也是我们下一步工作的重

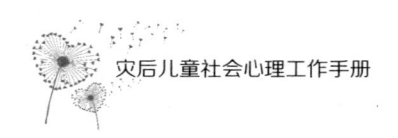

点。另外,我们会继续脚踏实地、谦卑和敏锐地发展社会心理工作,我们也非常肯定:存在于儿童及其所在学校和社区的抗逆力将会继续让我们惊讶,给我们以启发!

沈文伟

四川灾害社会心理工作网络项目负责人

参考文献

1. Arntson, Laura and Knudsen, Christine, 2004. *Psychosocial Care and Protection of Children in Emergencies*. UK:Save the Children.
2. Duncan, Joan and Arntson, Laura, 2004. *Children in Crisis:Good Practices in Evaluating Psychosocial Programming*. UK:Save the Children.
3. Inter-Agency Standing Committee (IASC), 2007. *IASC Guidelines on Mental Health and Psychosocial Support in Emergency Settings*. Geneva:IASC.
4. Sim, Timothy, 2009. Crossing the River Stone by Stone:Developing an Expanded School Mental Health Network in Post-quake Sichuan, *China Journal of Social Work* 2 (3):165 – 177.
5. Sim, Timothy. , 2011. Developing and Expanded School Mental Health Network in a Post-earthquake Chinese Context, *Journal of Social Work* 11 (3):326 – 330.

目录

第 1 章　灾后志愿者应急介入 / 黄　皓　宋　军

概述 · 001

行动表 1　应急志愿者的组织与招募 · 003

行动表 2　应急志愿者的培训与管理 · 007

第 2 章　儿童暑期服务 / 陈会全

概述 · 015

行动表 1　准备和进入 · 016

行动表 2　需求评估 · 023

行动表 3　服务提供 · 026

附录一　儿童文娱物资清单 · 036

附录二　儿童服务暑期项目资料收集指南和记录方法 · 037

附录三　2008 年成都信息工程学院赴小金县活动计划 · 042

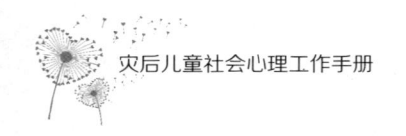

第3章　儿童康复工作 / 凌彩庆

概述 · 051

行动表 1　康复筛查 · 053

行动表 2　伤残儿童个案服务 · 056

行动表 3　伤残儿童家长服务 · 062

行动表 4　伤残儿童家庭服务 · 065

行动表 5　艺术组服务 · 068

行动表 6　伤残儿童义工服务 · 074

附录一　康复筛查表 · 081

附录二　康复治疗家访登记表 · 082

附录三　康复家庭需求评估访谈表 · 084

附录四　"团团拜——家庭春聚会"计划书 · 086

附录五　"让生命舞动起来"艺术组（1阶段）
　　　　计划书 · 090

附录六　"让生命舞动起来"艺术组日常规范 · 094

第4章　儿童活动室偶到服务 / 刘　洋　李　超

概述 · 095

行动表 1　灾后过渡安置阶段的活动室偶到服务 · 097

行动表 2　儿童恢复正常生活秩序后的活动室偶到
　　　　服务 · 103

附录一　"嬉戏时光"活动注意事项 · 113

附录二　玩具、体育器材借用须知和借单 · 114

附录三　图书借阅须知和借阅单 · 115

附录四　社工站活动室招募小管理员通告・116

附录五　"步步高"小组——小志愿者培训小组
　　　　介绍・117

附录六　活动室小志愿者服务证书・128

第5章　儿童年画班 / 邢盼盼

概述・129

行动表1　需求评估及准备・130

行动表2　年画小组・135

行动表3　年画作品展览・141

附录一　儿童年画项目画师合同・143

附录二　儿童年画项目学员监护人协议书・145

附录三　学员承诺书——我的承诺・147

附录四　"延绵兴承"——儿童年画项目
　　　　建议书・148

附录五　暑期年画项目小组教案・151

第6章　儿童经济援助 / 许传蕾

概述・153

行动表1　进行筛查・155

行动表2　家庭调查与商定援助计划・159

行动表3　跟进、评估及结束个案・163

附录一　贫困学生家庭援助调查与申请表・166

附录二　经济援助案例汇总・169

附录三　家庭困难学生资助收据・170

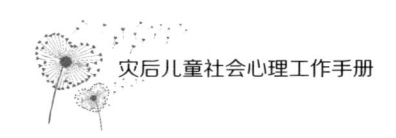

附录四　项目资助协议·171

第7章　灾后教师服务／黄　皓

概述·172

行动表1　与教师建立与维持关系·174

行动表2　教师团体康乐类服务·178

行动表3　教师团队建设活动·184

附录一　汶川县映秀小学老师"云南之旅"
　　　　活动计划·190

附录二　绵竹市汉旺学校教师欢享会活动计划·193

附录三　汶川县映秀小学教师精神健康项目
　　　　计划书·197

附录四　"向快乐出发"——绵竹市中新友谊
　　　　小学教师团队建设计划·200

第8章　锅庄联欢活动／刘立祥

概述·204

行动表　锅庄组织过程·206

第9章　灾后儿童服务督导／陈会全

概述·214

行动表1　员工管理·216

行动表2　服务督导·224

附录一　员工面试所需资料·232

附录二　员工评估体系·237

第1章
灾后志愿者应急介入

黄 皓 宋 军[*]

概 述

费孝通说过，关心人与人之间如何共处是中国人最宝贵的东西。在灾害救援的过程中，中国人最宝贵的东西莫过于人与人之间的共处通过责任、爱心、关怀、真诚、勇敢、正义得到充分的体现。其中，社会组织成为一支重要力量，他们通过发挥自身优势，积极募集救灾款物，协助政府抗震救灾，为受灾群众提供各种帮助。

目前在内地，县级以上人民政府及其有关部门可以建立由成年志愿者组成的应急救援队伍（《中华人民共和国突发事件应对法》，2007）。在灾难发生时，高校可以组建大学生志愿者队伍进入灾区开展抗震救灾工作。

汶川大地震发生后，截至2008年5月19日，在共青团四川省委系统报名的志愿者已达106万人，其中大学生志愿者是一个重要的组成部

---

[*] 黄皓，男，香港理工大学社会工作硕士，中级社工师，香港理工大学四川"5·12"灾后重建学校社会工作项目社工；宋军，男，四川灾害社会心理工作项目本地督导，西南大学应用心理学硕士，乐山师范学院教师，"5·12"汶川地震后一直参与香港理工大学灾后重建项目。

分。李玲等（2009）针对四川大学在校学生的自然灾害应急能力及志愿服务意愿调查表明，94.4%的受访大学生表示愿意在灾害发生后加入志愿者队伍，但同时大部分受访大学生表示缺乏志愿服务的相关知识和培训。何侃（2008）的研究也发现了同样的问题，很多志愿者由于缺乏心理干预的专业知识和职业道德，很容易对地震亲历者造成"二次伤害"。灾害来临时伤员救治、灾民安置工作繁重，灾后救援志愿者无序进入灾区可能会导致交通拥堵和接纳困难。志愿者的热情和投入在一定程度上有效地缓解了灾区的"燃眉之急"，但随着救灾工作的深入推进，大学生志愿服务也面临以下问题。

第一，缺乏专业训练。在震后一段时间内，灾区流传着"防火、防盗、防心理治疗"的说法，从中不难看出，很多高校组织的志愿者队伍进入灾区以后，盲目地提供心理咨询服务，没有受过专业训练的大学生志愿者不但不能为灾民提供有效的心理辅导，反倒是一遍又一遍地去揭灾民的心理伤疤。

第二，缺乏连续性。根据笔者的了解，绝大多数大学生志愿者在灾区的时间不超过1星期，有些高校以人员频繁轮换的方式提供服务，往往是一批志愿者刚刚熟悉当地的环境就要离开，灾民则需要一遍一遍地去适应不同的志愿者，导致服务的效果大打折扣。

第三，缺乏救灾经验。灾难发生后，由于大部分大学生志愿者缺乏对灾区受损情况的了解，往往是到达灾区以后才发现能做的事情很少，还有些人因为缺乏必要的防灾经验，而造成自身受伤或受困的情况，反而消耗了灾区有限的救援物资。

台湾学者冯燕根据台湾"9·21"大地震的经验，将灾害社会工作分为紧急救援、临时安置和灾后重建三个阶段。她认为，第一阶段为灾难发生之后的一个月内，这个阶段的主要工作目标是维护生命安全，包括"生命救援、临时安置、危机处理以及需求评估"等。第二个阶段为灾后一个月到半年之间，主要的工作目标是"安置服务、情绪安抚、赈灾措施、资源协调"等。第三个阶段为灾后半年到三年之间，主要工作目标是"生活重建、关怀弱势、心理重建以及建立制度"等（王曦影，2010）。本章所描述的大学生志愿者指的是在地震发生后的紧急救援阶段进入灾区开展儿童服务的大学生群体；根据该阶段情况制定的行动表。

行动表1　应急志愿者的组织与招募

1. 理念

高校在地震发生后可能会出现短暂的混乱、恐慌，并有应急性的停课，学校一方面会尽力引导学生将主要精力投入学习中，另一方面也会积极参与抗震救灾相关工作，如开展募捐等。同时，响应号召，积极组织大学生志愿者队伍，并针对教师、学生开展专业知识的培训，在第一时间奔赴地震重灾区开展救援工作。如何引导大学生群体正确、有序地投身到抗震救灾中去，是值得关注的问题。本节重点围绕组织和招募大学生志愿者时可能出现的问题进行讨论，并根据实务经验给出具体的应对方法。

2. 目标

组织和招募一批有心有力的大学生进入灾区提供服务。秉持"不添烦、不添乱"，为灾区服务的原则。

3. 主要行动

3.1　需求评估

3.1.1　保持与灾区的密切联系，收集和整理相关资料

在地震发生以后，国家第一时间启动应急响应机制，各大新闻媒体

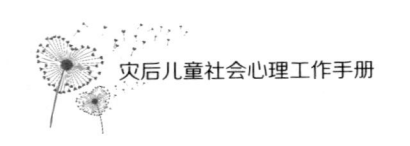

全天候地播放与地震相关的新闻。川内多家高校积极响应共青团四川省委的号召，参与抗震救灾中去。通过向地震灾区有关单位，如各级乡镇政府、中小学校了解相关受灾情况，结合当地实际需要有针对性地提供服务。

3.2 前期准备工作和志愿者招募

3.2.1 前期工作

3.2.1.1 准备相关的申请工作：向相关教育主管部门争取开展志愿服务的许可；与灾后救援部门联系，征得前往灾区开展志愿服务的许可。

3.2.1.2 发动宣传工作：通过校园广播、开设报名点、悬挂宣传横幅等方式，发动学生积极参与志愿服务工作。

3.2.2 招募工作

3.2.2.1 发布具体的招募条件：根据不同类型的志愿服务需要，提出具体的招募条件。例如，在机场等交通中转地帮忙搬运物资男性志愿者更为合适；在医院帮忙照顾地震伤员心思细密的学生更为合适；在捐助中心帮忙接收物资和接听热线女生更为合适；前往地震重灾区能吃苦耐劳、有一定动手能力的学生更为合适等。

3.2.2.2 组织面试：大学生参与志愿服务的热情十分高涨，但人多有时反而会造成更多的问题，这就要求对报名的志愿者进行面试考查，尽量保证具有一定救灾经验和专业能力的志愿者进入灾区开展服务工作。

3.3 前期注意事项

3.3.1 学生参与的动机

部分学生志愿者是抱着"灾区一日游"的心态前往灾区的，非但不能提供行之有效的服务，反而会给正常的救援工作带来影响。故而在组织面试时需要特别留意志愿者的参与动机。

3.3.2 学生个别需要的考虑

在地震发生后的应急介入时期，由于灾区房屋严重损毁，缺乏必要的生活物资，这段时间进入灾区的志愿者将要面临艰苦的生活环境，有些志愿者甚至会面临惨烈的现场环境，这就要求参与志愿服务的学生必须做好心理准备，学校应提供适当培训，否则志愿者恐怕会变成服务的对象。

3.3.3 生理条件

在应急时期介入灾区的志愿者随时都需要进行高强度的体力工作，例如，搬运救灾物资、搭建帐篷等。由于物资匮乏，进入灾区的志愿者基本上每天只能得到一瓶矿泉水和一包军用压缩饼干。同时，震后灾区容易发生疫情，因此对志愿者的身体素质要求较高，体质较为虚弱或本身患有某些疾病的大学生不太适合在这段时间进入灾区。

3.3.4 专业背景

震后灾民急需心理支持，因此需要一批具有心理学、社会工作背景的志愿者进入，但这并不是要学生志愿者为灾区居民进行心理治疗，而是提供一些基本的心理支持，例如陪伴、倾听、换位思考等。

3.3.5 语言条件

部分灾民（特别是老年人和儿童）只会讲本地方言，不会说普通话，这可能导致外地志愿者在与当地居民沟通时出现障碍，甚至会影响救援工作。在同等条件下可以优先考虑懂得本地方言的志愿者。

3.3.6 团队纪律

在灾区开展志愿服务时，随时都可能出现意外情况，志愿者需要绝对服从团队纪律。故而在选拔志愿者时，必须让学生清楚地知道为灾区服务是首要的目的，不能擅自离开服务地点，也不能开展超出原定计划且未经带队老师同意的服务。如果因为志愿者个人原因对志愿服务造成影响，该志愿者必须提前撤离服务点。

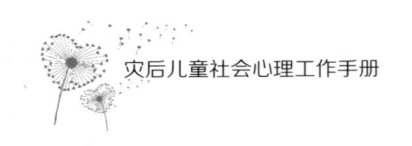

3.3.7 轮换机制

在紧急救援阶段，灾区的情况十分复杂，志愿者会长时间地面临巨大的生理和心理压力，如果得不到及时的放松和缓解，很容易对他们造成伤害。故而志愿者一次服务时间不宜过长，最好是一星期轮换一次，这样既可以保证服务的延续，同时也可以让志愿者得到休息。

3.3.8 服务范围

志愿者在灾区应严格遵照当地救灾部门的统一调度和安排，提供能力范围之内的服务，例如，发放救灾物资、协助安置灾民、进行需求评估和消毒防疫工作、陪伴倾听灾民需要等。志愿者在遇到能力范围之外的情况时，应及时向带队老师反映，切忌自行处理。

3.3.9 签订服务协议

学校组织志愿者队伍前往灾区前，应为学生购买意外伤害保险，并签订相关服务协议，明确规定如果发生意外情况时，应该按照事先的协议处理（协议内容为双方共同意愿的体现）。

4. 前期注意事项

4.1 考虑学生的背景

在招募志愿者时，需要留意学生本人家庭的受灾情况，特别是那些在灾难中有亲人遇难的学生，在应急救援阶段不太适合让他们进入灾区，避免他们触景生情，反而需要照顾。

4.2 详细了解学生资料，以免让不符合条件的学生加入

在面试之前，需要做充分的准备，对学生的相关资料应进行认真筛选，标注出不清楚的地方，在面试时进行深入的了解。相关资料可能存在以下问题：有些学生提交的资料会故意隐去一些重要的信息，有些学生会添加一些虚假的信息，比如做过同辈心理咨询员、参加过志愿服务

等，这就需要面试者有敏锐的观察力和判断力，避免不符合条件的学生加入，对整体的志愿服务质量造成影响。

4.3 提供完整的招募信息

在发布招募信息时，需要将灾区的相关情况介绍清楚，避免学生盲目加入却在出发前因某些情况不能前往。例如，某些灾区可能会出现堰塞湖或是疫情，但招募信息中并没有提到这些，当志愿者名单最终确定以后，某些志愿者因了解到相关情况以后，产生畏惧心理，或是因为家庭的强烈反对不能前往。

5. 伦理考量

5.1 充分的知情权

应急阶段灾区可能会出现疫情或是余震等危险的情况，需要将这些信息提前告知志愿者及其家人，让其自己选择是否还要继续参与。

5.2 学生有退出的自由，但需要提前告知

如果学生在志愿服务期间，因特殊原因需要提前离开或是到达服务地点后希望退出志愿服务时，双方可以进行协商，原则上应该尊重学生的意愿。

行动表2 应急志愿者的培训与管理

1. 理念

专业知识的缺乏和对自然灾害认识的不足是大学生志愿者经常遇到的瓶颈，需要有针对性地开展这方面的培训帮助大学生志愿者提高应对

和解决困难的能力（李玲等，2009）。同时，面对复杂多变的灾区环境，要加强对大学生志愿者团队的管理，营造相互支持的团队氛围，在保障安全的前提下，开展志愿服务。本节将重点介绍在应急救援阶段，志愿者的培训和管理方面应该注意哪些问题，并结合实务经验给出具体的应对方法。

2. 目标

2.1 让志愿者对灾区有一个清晰的认识，学习一定的应对技巧，相对系统地掌握活动内容与方法。

2.2 保证整个大学生志愿者团队的安全，保质保量地完成任务。

3. 主要行动

3.1 需求评估

3.1.1 了解学生的专业背景

在培训之前，需要了解受训学生的专业背景，避免重复培训浪费宝贵的时间。例如，有些具有心理学、社会工作背景的志愿者已经掌握了基本的人际关系建立技巧、基本的心理支持技巧等，因此可以将主要精力放在欠缺相关知识的学生身上。

3.1.2 了解学生的志愿服务经验

了解学生的志愿服务经验，可以安排那些经验丰富的志愿者协助开展培训工作，这样可以达到更好的培训效果。在分配任务方面必须结合每个同学的实力、经验加以考虑。

3.2 前期准备工作

3.2.1 制定培训规范和行为准则

保证培训有序进行，避免受训学员按个人意愿行事。聘请有相关经验的专业人员为志愿者提供培训。

3.2.2 收集可能存在的问题，制订应对方式

为大学生志愿者提供有关次生灾害的信息和训练，如余震发生时，应该尽量避开高大建筑物，按照防震知识进行有效的躲避。提醒大学生志愿者保护自身安全和健康，如天气炎热时，应避免长时间待在不通风的帐篷内，避免在烈日下长时间站立否则会导致中暑。叮嘱大学生志愿者当发生安全事故时，在保证自己安全的情况下第一时间联系当地的治安部门。

3.3 前期注意事项

3.3.1 培训者的背景

培训者应该具有丰富的专业知识，并在特定灾难发生后对相关知识已经进行了系统的再学习。由于许多受训的大学生志愿者没有培训者的学科专业背景，极易对未来成行的可能性产生怀疑，进而产生消极的受训情绪，并会将这种猜测传染给其他同伴，这就要求培训者对受训学员开展心理调适辅导和减压训练。尽量传授一些实用技术，而非照搬书本的知识，切忌大谈空谈。

3.3.2 培训方式

应该尽量用参与式教学模式（如角色扮演、分小组解决问题等）吸引学生参与培训，从而使学员对培训内容有更为直观的了解并最终掌握，帮助学员树立自信心。

3.3.3 培训内容

3.3.3.1 发放救灾物资

由于灾民所处位置分散，而救灾物资往往是统一管理和发放的，因此有些偏远地区没有办法及时获取物资，这时志愿者需要及时收集信息并反馈给物资管理部门，将所需物资及时送到灾民手中。

3.3.3.2 卫生防疫

灾难后可能引发疫情，志愿者可以考虑协助防疫部门对厕所、垃圾

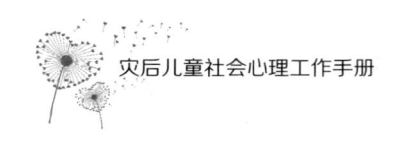

储放地、帐篷等高危地点进行消毒处理，并做好自身的防护工作（戴口罩、穿长衣长裤、避免饮用不干净的水等）。

3.3.3.3 搭建（拆除）帐篷

震后大多数房屋都无法正常居住，志愿者需要配合当地有关部门将送来的救灾帐篷搭建起来以供灾民使用。在板房搭建完毕以后，需要将之前的帐篷拆除并做消毒处理。

3.3.3.4 避暑、防雨

遭遇极端天气时，志愿者需要配合当地有关部门做好避暑和防雨准备，特别是在帐篷过渡时期，因为天气炎热，帐篷吸热且不通风，大学生志愿者可以提醒灾民到室外避暑，引导灾民前往阴凉处休息，并准备足够的防暑药品，当发现灾民有中暑迹象时，应及时请医务人员跟进处理。

3.3.3.5 时间管理

大学生志愿者在灾区会有部分的空余时间，特别是晚上，志愿者可以利用这段时间进行工作总结和讨论，并做好第二天工作的准备，切忌休息时间做一些与大学生志愿者身份不符的事情（如喝酒、赌博等）。

3.3.3.6 财物管理

志愿者要注意保管自身物品，不要随处乱放，避免财物丢失。

3.3.3.7 避免蚊虫叮咬

蚊虫叮咬是传播疫情的主要途径之一，要准备充足的防蚊虫药物，尽量穿长衣长裤，及时打扫居处的卫生等。

3.3.3.8 防雷电

及时关注天气预报，当出现雷雨天气时，避免外出和在树下躲避，应留在室内，关闭电源。

3.3.3.9 躲避次生灾害

关注权威部门发布的信息，特别是在山区开展志愿服务时，避免长时间待在山体松动的地方。应提前选定临时避灾场所，例如避灾场所应与泥石流区保持相当距离，当遭遇泥石流时，应及时前往避难处，在展开自救的同时向相关部门求救。

3.3.4 管理内容（在志愿者管理方面，主要采取团队建设的方式开展）

3.3.4.1 建立大学生志愿者团队的行为准则，组建团队的管理梯队。及时与当地负责人进行沟通，争取相关支持。

3.3.4.2 对志愿者进行分组，如成立后勤保障、安全保障、娱乐保障小组等。

3.3.4.3 根据服务对象的多少对大学生志愿者进行分组，相对固定服务对象，留意交接流程，以降低服务对象的混乱情况。

3.3.4.4 每天召开集体分享会，及时解决志愿者遇到的问题。在最开始的几天里，很多队员都有很多的发现、看法、问题和困惑，分享会会成为大家发泄情绪的地方，每个人都可一吐为快。这对没有经验的人而言，既可以排解无助感，也可以从同伴那里学到解决问题的办法。

3.3.4.5 大学生志愿者每天撰写个人日志，将遇到的困难和发现的问题汇报给带队老师，老师每天也需要给予及时的回馈，尤其是当有问题出现时，应该主动找到志愿者，清楚地了解情况并及时跟进。

3.3.4.6 及时与当地管委会进行沟通，共享部分物资和信息资源。

3.3.4.7 做好随机应变的心理准备，随时应对灾区发生的各种变化。

3.3.4.8 必要时，带队教师可以亲身示范，帮助志愿者渡过难关。

3.3.4.9 每天举行简短的出征仪式和收队仪式，以使团队有整体感，建立团队向心力。

3.3.5 提供志愿服务

3.3.5.1 应急救援阶段的时间十分宝贵，应该尽量缩短受训时间，突出培训重点（关注人群应是受灾弱势群体，如儿童、老人等），培训内容不建议涉及残疾人、丧亲者等特殊群体，培训内容切忌超越大学生

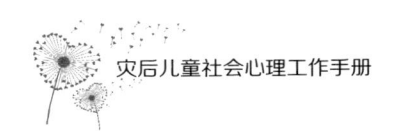

志愿者的能力，避免无谓的时间浪费和对受灾人士进行"再伤害"。

3.3.5.2 合理安排值班和轮休。刚到灾区时团队只能住在帐篷里，而且周围的围墙等均已被破坏，安全格外重要。不应允许大学生志愿者单独外出，特别是在夜晚，需要安排大学生志愿者守夜，女生如要上洗手间也应有男生陪伴，并备有口哨等设备，必要时可呼叫同伴。

3.3.5.3 注意饮水卫生，防止水污染事件发生，同时配备常用药品（如，防中暑、腹泻、感冒、跌打损伤等药品），志愿者队伍中也应该配备一名专业的医务工作者（可以是校医院的医生），这样可以治疗常见的疾病。如发生重大疫情时，应及时与当地的医务工作人员联系，前往正规的医院接受治疗。

3.3.5.4 由于团队是临时组建的，队员之间缺乏了解和合作，在分小组时有必要对相互熟悉的成员进行拆分，并避免在工作开展的过程中形成小团队。在可能的情况下，带队老师可以考虑在初期进行团队建设工作。

3.3.5.5 划清工作和生活的界线，除特殊情况外不应允许服务对象到团队驻地游玩，也不应允许团队成员私自离开驻地。还需要特别留意团队中的情侣学生，避免在服务地点做出不恰当的行为。

3.3.5.6 在可能的情况下，当日事当日毕，避免工作任务积压，造成队员心理压力过大。

3.3.5.7 每个团队应该至少有两名带队教师，在必要时扮演不同的角色解决团队中发生的各种事情。

3.3.5.8 留守驻地的值勤人员应从各小组中抽调，避免正常服务活动受到过分影响，并且必须考虑男女比例。

3.3.5.9 受训学员应该了解服务对象面临的危机和应对方法，并对当地的文化、习俗有基本的了解。避免主动提及和议论服务对象所面对的灾难，更不能认为自己可以对其遭遇感同身受并试图单方面解决服务对象所面对的问题。

4. 伦理考量

4.1 是否可以就近回家

志愿者服务团队中可能有部分志愿者来自灾区，而且家离服务点很近，这些队员希望可以利用休息时间回家看看，特别是想亲眼看一下家庭受灾的情况。然而团队是以学校的名义组建的，因此在灾区安全情况不明时，团队对每个队员负有安全责任，此时团队负责人要特别注意考量各种因素。

4.2 是否可以接受礼物

服务对象有时会向志愿者赠送礼物。团队应在行为准则中规定相应条款，避免接受贵重物品。每个队员应该向服务对象公开说明自己不能接受任何礼物。但收到服务对象的礼物和邀请（如到家中做客），对队员而言又是极大的鼓励。在培训时或实际情境中队员们可以就此开展相关讨论。

4.3 是否可以临时增加新成员

在服务点中，会有部分当地青年学生想为灾区做一些事情，但苦于没有组织，个人力量又非常有限，所以希望加入已经成型的团队。但由于这部分人没有进行过前期的团队训练，难以理解团队目标、工作任务和方法，而且这些人每天回家，与团队相处的时间会较少，所以可考虑将其分配到经验较为丰富的小组中，并且全程参与服务过程，团队成员要尽可能地照顾临时队员的情绪，还应该尽可能地创造条件让临时队员参加团队活动。

5. 专业反思

5.1 在组建应急性、任务单一型的大学生志愿者服务团队时，应

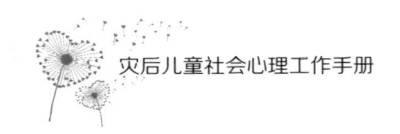

该注意队员学业背景的差异，最好招收具有心理学、社会工作、艺术、教育等学科背景的学生。因为短时间的培训，很难将服务热情转化为对助人专业的认同。

5.2 指导教师应关注队员的各种异常行为，特别是有悖于专业伦理，损害团队形象，甚至有碍于服务对象的成长的行为。如果服务对象有不当行为，队员采用体罚等形式，这不仅违背了社会工作正向引导的理念，而且还会进一步令服务对象产生恐惧和失望心理。

参考文献

1. 李玲等：《汶川大地震后大学生应急能力及志愿服务意愿调查》，《现代预防医学》2009 年第 23 期。

2. 何侃：《震灾后儿童心理重建的复杂性与长效机制》，《现代预防医学》2008 年第 23 期。

3. 王曦影：《灾难社会工作的角色评估："三个阶段"的理论维度与实践展望》，《北京师范大学学报（社会科学版）》2010 年第 4 期。

4. 冯燕：《9·21 灾后重建：社工的功能与角色》，《中国社会导刊》2008 年第 12 期。

5. 《中华人民共和国突发事件应对法》，中华人民共和国中央政府网站，2007 年 8 月 30 日，http://www.gov.cn/ziliao/flfg/2007-08/30/content_732593.htm。

第2章
儿童暑期服务

陈会全[*]

概 述

儿童因缺乏足够的自我保护能力、心智未臻成熟，在自然灾害中往往成为最易受伤的群体。亲人离世、环境变迁、身体受伤等都是儿童在地震后可能面对的挑战。儿童在灾后容易出现心理创伤，需要给予支持（曹克雨，2009）。在灾后前期有不少儿童都表现出一定的创伤应激障碍（PTSD）症状，比如常做噩梦、害怕离开熟悉的人、担心再次发生灾害等，但灾害发生一个月之后，绝大部分儿童的初始创伤应激障碍症状都会消失。儿童在地震后的反弹能力强，而且与环境的影响息息相关，与家庭、相邻儿童群体的关系尤其不可漠视（朱雨欣、沈文伟，2009）。灾后针对儿童进行干预，应减少病态化取向，从现实需要出发，尽量提供支持（贾晓明，2009），强调优势

---

[*] 陈会全，男，香港理工大学社会工作硕士，成都市社会工作专家库成员，社会工作职业资格考试出题专家库成员。现任教于成都信息工程学院，研究方向为医疗康复社会工作和灾害社会工作。"5·12"汶川地震至今一直担任香港理工大学四川灾害社会心理工作项目督导，主编参编社会工作专著3部，发表论文多篇。本章行动表3中3.5"恰当处理儿童的需要和问题"部分由许传蕾撰写。

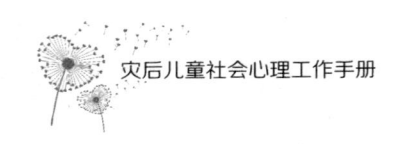

视角（管雷，2008）。如果单纯针对儿童心理本身进行心理重建，忽略外在因素的影响和作用，可能会不利于儿童在灾后整体性支持网络的构建（朱雨欣、沈文伟，2009）。

国际上社会工作者认为，针对儿童的 PTSD 进行干预，游戏或活动是很好的选择（朱雨欣、沈文伟，2009），如讲故事、写作和绘画，鼓励儿童与朋友、同学及其他人一起享用美食、阅读有益的故事等。农村学校的灾后系列干预可以包括全校集会、小团体辅导、个别辅导、同伴辅导、咨询和培训等；还可以开展以学校为基础的活动，包括海报竞赛、诗歌朗诵、歌曲创作、征文比赛、艺术活动、木偶表演、短剧表演等服务项目。联合国儿童基金会强调鼓励儿童参与有趣的益智游戏和娱乐活动，鼓励儿童参与服务活动和有关决策制定的过程，可以减轻地震对其身心的不利影响（刘斌志，2012）。在联合国儿童基金会支持的"儿童友好家园"服务中，除针对 6~12 岁儿童提供课业辅导外，还提供绘画、唱歌、跳舞、讲故事等活动以消除地震的影响（邓拥军，2011）。

香港理工大学在"5·12"汶川地震过渡安置阶段连同四川高校社会工作教师和学生开展了儿童暑期服务，服务期间不偏重辅导或治疗，强调以游戏为主，以小组的形式带动儿童重塑秩序、规范和安全感等，并着力促进儿童与朋辈、父母加强支持网络的构建（朱雨欣、沈文伟，2009）。本章根据过去几年积累的经验，呈献三个行动表。

行动表1　准备和进入

1. 理念

儿童在灾后面临着多元、复杂的需求，需要社会工作者及时给予回应。然而社会工作者对即将进入的灾区情况可能不熟悉，在进入之前非常需要当地人进行简要介绍，还应该寻找当地的"守门人"，以便能够顺利进入灾区，如某个政府部门、社区或学校的负责人。此外，在为儿童提供服务之前，应充分培训社会工作者学习以游戏为主的儿童服务，并提前开展团队建设，培训特色包括以下方面。

1.1 培训和服务相结合：开展与儿童服务相关的实用性培训，培训的内容超越个人咨询、辅导，以游戏为主，"以练为战"而非单纯的理论训练。

1.2 师生教学相长，共同提升：社会工作专业老师和学生一同学习，以保证他们都能够明白服务的内容。

1.3 以团队为单位接受培训：以团队形式接受培训便于团队开展服务，在培训中形成和锻炼团队，为服务的顺利提供打下基础。

2．目标

2.1 培训和教育，让社会工作师生学会设计和带领服务。
2.2 寻找服务地区的负责人，初步了解服务情境。
2.3 准备资金和物资。
2.4 准备和签订服务协议。

3．主要行动

3.1 前期了解

3.1.1 了解服务提供者：了解社工师生的身体、心理、精神状况是否适合赴灾区提供服务；了解社工师生关于儿童服务的知识储备是否足够；了解社工师生的服务期望。

3.1.2 了解服务地点：包括服务地点的儿童人数、年龄分布；儿童的安置情况（帐篷抑或板房）；当地的具体受灾情况；潜在活动场地的安全与限制；饮食、住宿条件等。

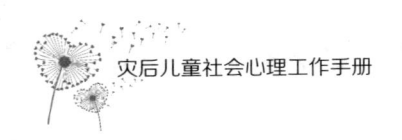

3.1.3　了解培训资源：特别是与儿童服务有关的短期培训，如灾后儿童心理反应、儿童特点、游戏训练、灾区情况介绍（特别是当地风俗文化）、灾害社工角色和任务等。

3.2　前期准备工作

3.2.1　准备培训

3.2.1.1　师资：请有丰富儿童服务经验的资深社工提供培训，如救助儿童会（Save the Children）、香港小童群益会的资深社工。

3.2.1.2　场地：找到足够大的，如200平方米的场地开展培训，培训场地可以灵活布置，有便于搬动的折叠桌椅和投影仪，如高校社会工作实验室，或某机构的培训场地。

3.2.1.3　时间：为儿童提供服务前一个月。如果暑期从7月开始，则6月初开始培训，培训时间以连续两周为宜，剩下的两周准备物资和服务计划，便于社会工作师生及时运用，不至于遗忘培训的内容。

3.2.1.4　培训内容：如何设计儿童服务，如何带领儿童服务，儿童在灾后可能出现的反应和需要，社工在灾后重建中的角色、任务和价值观，如何进行项目管理和资金申请。

3.2.2　准备人员和物资

3.2.2.1　发动和招募：在社会工作专业中挑选对灾后儿童服务有兴趣、身体和精神状况良好、愿意投身社会工作的大三、大四学生。考虑到灾区住宿困难、服务能力有限、服务人数有限等问题，服务团队以10人为佳。

3.2.2.2　培训/演练：由带队的社会工作专业老师带领挑选的学生到培训地点集中培训和进行实战演练，逐一学习游戏要领。培训时可观察学生特点便于在实际服务中安排适合的工作。

3.2.2.3　采购：包括采购儿童文娱物资（附录一《儿童文娱物资

清单》)、药箱、应急物品、统一服装、大背包、帐篷（如果需要）等。

3.2.2.4　保险：鉴于灾区环境复杂，社工师生购买个人意外保险十分必要。可向保险公司咨询购买短期保险，保险期通常为1年，每份保单费用不超过200元，保额在10万元左右。

3.2.2.5　轮换机制：在服务时间较长的情况下，提前准备轮换机制，对工作人员进行排班。

3.2.2.6　取得家长同意：应明确取得家长的同意和支持，可请家长签署同意书。

3.2.3　准备服务场地

3.2.3.1　联系当地负责人：应主动联系当地民政/教育/妇联/团委负责人，寻找对口服务的临时安置社区或板房学校。高校志愿者、社会工作团队尤其可以通过教育和团委两个渠道联系。

3.2.3.2　先行探查：了解社区/学校（复课）中儿童及其家庭和所在社区的人数。了解活动场地的大小、位置。场地太小或距离生活区太远都不适合。此外，应排除不安全的服务场地。

3.2.3.3　了解住宿和餐饮安排：根据实际情况决定是否购买帐篷和餐具。考虑安全因素，鼓励在条件较好的地区开展服务，以确保大学生志愿者的安全，不为灾区添烦、添乱。

3.2.3.4　与服务的社区/学校"签署"服务协议：事先准备一份简要的格式统一的服务协议，内容可以包括服务时长、服务对象、服务场地安排、对方应给予的支持、协助安排住宿和饮食等。鉴于社会工作在内地的认受性较低和服务时间通常较短，协议可以以书面形式签署也可以双方口头约定。

3.3　进入

3.3.1　确定时间：提前确定进入时间，进而安排培训和准备物资。其间应不断关注灾区的最新情况。

3.3.2 集体出发：以团队的形式进入较好，便于团队成员同时熟悉灾区情况，并统一服务提供的步调。避免在初期不断分批进入，这不利于服务对象建立稳定的关系，且影响服务效果。

3.3.3 带队者一起进入：带队社工教师一起进入特别重要，这样可以给对方留下服务团队认真负责的印象。带队社工教师一起进入，便于在初期协调灾区多方关系；选一个有经验的带队者是必要的。因为作为团队的主心骨，可以妥善处理服务安排，如进行人员分工、确定服务内容和安排进度等。

3.3.4 妥善安顿队员：进入灾区后，首先需要妥善安置好团队成员，解决团队成员在住宿和饮食方面的后顾之忧，这是服务开始的重要前提。

3.3.5 熟悉周围环境：帮助团队成员熟悉周围环境，可安排当地人带领团队成员走访社区，了解社区现有服务，进而初步描绘社区资源图，包括交通、住宿区、服务地点、菜市场、医院、邮局、网吧等，还要了解余震发生后当地的逃离方案。

3.3.6 与当地负责人见面：建议以团队的形式与当地负责人见面，介绍团队成员和服务计划，并听取对方的建议、期望和要求。取得当地负责人的认同对于服务的顺利开展十分必要。

3.4 前期注意事项

3.4.1 因时制宜：社工不应在灾害发生后的紧急救援时期介入，但这期间的人员培训、服务方案制订、物资准备、与当地人联系并取得对方的认可和支持可同时进行。服务团队可以考虑在灾区结束紧急救援进入灾后安置阶段后进入，以免给灾区添烦、添乱。

3.4.2 保持信息畅通：具体了解灾区状况和服务需要，帮助设计、安排并及时调整合适的培训内容，并挑选合适的团队成员。务必建立联系人清单，如果条件允许，可建立QQ群和邮件群，硬件方面可以准备无线对讲机。

3.4.3 带队老师全程参与：在复杂的灾区工作，带队老师可以通过日志了解学生情况并给予及时支持。实地参与还能够及时调整服务方案、平衡服务团队内部关系、保持与当地负责人的沟通、促进教学相长。带队老师如果将团队带到灾区后就离开，容易造成对服务不重视和给团队成员"放羊"的感觉。在中国内地社会工作教育特别是灾后社会工作严重缺乏的情况下，带队老师和同学一起服务和学习十分必要。

3.4.4 团队建设自始至终：培养团队合作精神有利于提供高质量的服务。鉴于灾区服务情境复杂，年轻的队员一起生活和工作难免会出现摩擦。因此，团队建设应为常态，即在培训时、服务时及服务后都应该有适当的团队建设，增进队员彼此的理解和支持。

3.4.5 留意队员身心状况：在灾区工作，安全的饮用水和食物供应可能跟不上，加上水土不服、工作压力大，对团队成员身体和心理来讲都是一个挑战。带队老师应对团队成员的个人情况保持敏感，并及时处理可能出现的情况。事前应开展必要的心理培训和准备基本的药品。为了安全考虑，不建议服药，遇到队员生病或出现紧急情况，可尽快送队员到医院就诊。

3.4.6 考虑细节，鼓励队员参与准备工作：细节决定成败，认真考虑服务的每一个环节十分必要，应时刻鼓励队员参与准备工作。他们是服务提供者，参与准备过程有助于队员熟悉服务内容和对服务更加投入，同时提升队员的能力。

4. 实施留意事项

4.1 以玩乐心态加入：灾害发生以后很多人都愿意到灾区服务，但不排除有些人是因好奇而参与灾后工作的，这些人的好奇心一旦得到满足就容易失去服务的动力。因此，应做好队员的挑选工作，避免

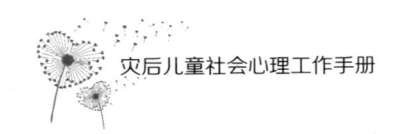

此类队员加入，始终保持服务而非玩乐的心态（参看第 1 章）。

4.2 培训内容与实际服务不一致：应提供符合实际情况、能解决实际问题的培训，而不是单纯的理论式培训。应重视有操作性的培训，邀请参与过灾后各阶段工作特别是参与过儿童灾后服务的专业人员提供培训。

4.3 临时寻找服务地点：临时寻找服务地点容易带来需求评估不充分、服务延后、服务计划大调整等挑战。务必尽早留意可能的服务地点，并与有关部门建立联系。

4.4 事先没有服务计划书：尽管灾区的情况每天都在发生变化，进入灾区后服务方案也可能需要调整，但从儿童的基本需要出发，事先准备一份计划书仍然是有必要的，它可以帮助服务团队统一服务方向，并帮助民众理解团队的工作。

5. 专业反思

5.1 外来经验与本土实际相结合：作为服务提供者的外来者不可能比当地人更加熟悉灾区，必须因地制宜。在实际过程中应该结合当地的实际情况开展服务，并不断听取当地人（如校长、老师、家长及儿童）的反馈，而非单纯地依靠外来经验。

5.2 当地人始终参与：鼓励服务对象参与是社会工作的重要理念。鼓励当地人的参与有利于社工进一步了解情况，有利于服务的顺利提供，更有利于服务经验的本土化，为当地培养服务人才。

5.3 事先充足准备、有备而来：负责任的团队在服务提供前应该充分准备，包括进行培训、制订服务方案、招募服务人员、筹集物资等。在内地社会工作的认受性并不高，应该珍惜每一次服务的机会，时刻准备以专业的形象出现在服务对象面前，这不单是对服务对象负责，更是对中国社会工作的发展负责。

行动表 2　需求评估

1. 理念

服务团队在进入灾区前往往只能从文献中了解灾害情境下儿童的需求，并不能完全了解灾区儿童的真实需求。2008 年汶川地震前在中国知网上搜索没有关于灾害社会工作研究的文献（陈会全、沈文伟，2013），这主要是因为中国之前缺乏有灾害管理经验的社会工作者，相关经验有限。除此之外，灾区的情况每天都在发生改变，因此外界对儿童、家庭及社区需求的认识有限。基于此，服务团队在开展儿童短期服务的同时亦有评估的任务，并在此需求评估的基础上，设计长期的服务方案。在提供服务的过程中进行需求评估有以下核心理念。

1.1　不能伤害服务对象：进行需求评估的前提是保护服务对象，在他们知情同意的情况下开展，切忌勉强。另外，发布评估内容时也应隐去服务对象的个人资料，保护其隐私不被侵犯。

1.2　服务对象自愿参与：需求评估需要社会工作者和服务对象共同参与，而且需要服务对象的自愿参与。应让服务对象明白评估的过程、目的以及评估结果如何使用等。他们可以选择在任何时候不断续参与，且不需要提供任何理由。

1.3　生态和优势视角：服务对象生活在多个不同系统中，评估时应有"环境中人"的概念，将服务对象放在生态系统中进行分析。在评估个人问题和需求时，应看到人与环境的关系和环境对个人的影响。同时，亦应看到环境中除了有造成问题的障碍之外，还有解决问题的资源。

1.4　应有前瞻性：评估时应注意不能只看当下，还应看到需求的不断变化，如儿童在心理、身体等方面的变化。这些变化对于设计长期服务方案十分有用。此外，灾前情境和社区历史也是不可忽视的情境。

2. 目标

2.1 更准确、更全面地了解儿童的需要。

2.2 更准确、更全面地理解儿童所在家庭和社区的需要。

2.3 更全面地制订介入计划。

3. 主要行动

3.1 设定评估对象

3.1.1 评估灾后不同儿童群体的需要：如，受伤截肢儿童、异地复课生、住校生、留守儿童、民工子弟、贫困儿童等。

3.1.2 评估时关注环境对儿童的影响：应留意儿童的父母及家庭、学校、老师、社区的需要和对儿童的影响。

3.1.3 评估的方向通常有个人、环境及其交互作用：具体方向可以有生理、心理、行为、生计、社区凝聚力、救灾物资、外界支持、亲子关系、师生关系、社区资源（特别是异地复课的学校）等。

3.2 准备评估工具和评估方法

详见本章附录二《儿童服务暑期项目资料收集指南和记录方法》。

3.3 开展需求评估

3.3.1 了解灾区儿童的需求

3.3.1.1 文献查阅：整理"5·12"汶川地震后儿童需求评估资料（见参考文献）。

3.3.1.2 实地访问：可以请已经进入灾区的人介绍灾区的需要，或者邀请当地人讲解灾区的需要，主要是因为当地人对需求有着更加切肤的认识。

3.3.1.3 讲座、培训：要求有儿童工作经验或灾害管理经验的人针对灾害儿童群体开展需求讲座或培训。

3.3.2 了解灾区儿童所在家庭和社区的需求

3.3.2.1 文献查阅。

3.3.2.2 请早进入的人或当地人介绍当地情况（同上）。

3.3.2.3 与当地民政、妇联等相关单位接触以获取资料。

3.3.2.4 开展讲座、培训。

3.3.2.5 借助报纸、网络及各种新媒体。

3.3.2.6 完成家庭图和社区资源图的绘制。

3.4 资料整理

将资料按照服务对象的类别进行整理，既要留意不同服务对象的问题和需求，亦要以积极的视角识别服务对象自身及环境中的资源，为接下来服务计划的制订提供丰富的素材。

3.5 实施留意事项

3.5.1 评估是持续不断的：务必在不影响服务的前提下持续不断地开展需求评估。

3.5.2 及时整理分类：每天工作结束后，进行小组讨论，并仔细记录讨论过程与结果。

3.5.3 评估在信息饱和后就可以结束：即评估所得内容没有新的元素即为饱和。

3.5.4 被评估者应有知情同意权：务必说明评估的目的及评估的方法，如需进行录音、录影时，必须征得对方同意后方可开始。

3.5.5 留意保护被评估者的隐私：发布评估内容应隐去被评估者的基本资料。

3.5.6 综合使用各种评估方法：综合使用访谈、调查与观察等方

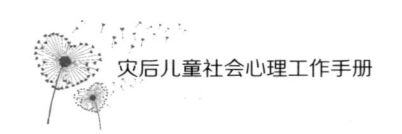

法，以便评估的领域更全面，评估的结果更准确。

3.5.7 评估的目的在于服务：评估的目的是为更准确地制订服务方案提供参考数据，而不是为了单纯满足研究需要，一味地询问被评估者灾后的伤害或损失程度。

4. 专业反思

4.1 服务不能完全回应评估结果：灾区民众的需求是多元化的，但基于服务提供者自身有限的能力和资源，服务计划往往只能回应部分需求。承认这一点是重要的，应该投入更多的精力进行灾区重建，彼此配合并尊重当地情况，以争取全面回应需求。

4.2 谁的需要？不是为了做学问！进行灾后需求评估是为了提供服务，而非为了学术研究。服务提供者应该明白二次伤害比什么都不做更恶劣。

行动表3　服务提供

1. 理念

队员在重建阶段提供服务时，面临着多重挑战，例如要适应周围环境，包括饮食、语言等。一方面，社会工作整体认受性低；另一方面，当地人对服务团队不了解，这就使当地人一开始可能持观望态度，既不积极支持也不盲目反对。团队需要在有限的服务时间内提供高水平的服务，以赢得更多的支持。在灾区提供服务务必有清晰的理念，包括以下方面。

1.1 安全第一：服务提供必须基于儿童和服务人员安全的前提才能开始。

1.2 以儿童需求为本：适当调整服务方案以提供符合当地儿童实际情况的服务。

1.3 与当地人合作：服务的顺利提供离不开当地人的理解和支持，同时，当地人参与也有利于延续有关服务、培养当地社会工作人才、提升社会工作专业的认受性。

1.4 服务学习（Service Learning）：从服务中学习是目前国际高校发展的新方向，有助于老师和学生在服务中学习，在学习中服务，学以致用。

1.5 因地制宜：在服务的同时不断评估当地需要，了解社区重建需要，为将来提供合乎当地情境的较长远的服务做准备。

1.6 协调服务：服务期间可能遇到其他本地、外地服务团队，为了避免对儿童造成打扰和减少资源的重复和浪费，务必协调合作。

2. 目标

2.1 减轻监护人的照顾压力。
2.2 丰富儿童暑期生活。
2.3 提供有益于儿童身心健康的活动以帮助儿童放松减压。
2.4 提升儿童对社区的归属感。

3. 主要行动

3.1 熟悉服务环境

3.1.1 了解准备服务的儿童人数、年龄和活动场地，以便有针对性地做准备，并在团队内部做好初步分工。

3.1.2 了解当地学校、社区的负责人，初步建立关系。特别是与校长办公室、学生处、教导处等部门负责人或者社区的主任、书记及团委书记，建立和保持良好的关系，这对于服务的顺利开展会起到至关重要的作用。

3.2 预备服务开始

3.2.1 寻找安全的服务场地：特别是要预防次生灾害的发生，如火灾、泥石流、滑坡等。活动场地应设在较为空旷的地带，特别不宜设置在陡坡或峡谷附近，因为不断的滑坡会切断同外界的联系。另外，暑期通常伴随着雨季的到来，震后斜坡也会有发生泥石流的危险。尽可能地与当地洽商并征求意见寻找安全服务场地。

3.2.2　适当宣传：利用正式的场合，如学校或社区大会，请负责人将服务团队介绍给儿童、家长及其他社区居民。亦可通过传单的形式简单介绍团队到来的目的、主要工作内容、服务时间及退出日期。

3.2.3　及时调整服务方案：从儿童的需要出发，考虑服务提供者的能力、时间、环境，设定服务目标（包括产出和影响力），安排每周服务内容。

3.2.4　队员分工，落实到人头：根据儿童的需要并参考队员的特点和意愿，公平合理地分工，将工作具体落实到每一个队员，让所有人明白自己和他人的工作内容，为服务打好基础。

3.2.5　准备活动物资，调试设备：根据服务内容，负责的队员将活动物资分类，并根据儿童年龄、需要调试设备，留意是否适合当地儿童的活动，如足球活动在狭小的空间内不适宜进行。

3.3　服务正式提供

3.3.1　按照事前分工，合作开展活动：每次活动都应明确带领者和协助者的角色，各司其职。

3.3.2　现场督导：带队老师在现场观察队员的活动带领，并及时做记录，便于进行有针对性的督导。针对带领者的技巧及协助者的合作在活动后做出有针对性的回应。除非必要，不建议带队老师打断活动。

3.3.3　收集儿童作品、反馈信息，建立儿童个人档案：在服务过程中，团队应注意收集资料，丰富档案，特别是收集能够反映儿童活动参与和体现其成长的资料，在结束时将其赠送给儿童，帮助儿童看到自己的成长。建立档案时务必注意专业性和保密原则。

3.3.4　与儿童家长、当地学校/社区负责人交流：在开展服务的同时，团队应注意保持与各方面的沟通，并留意收集对方关于服务的反馈，不断提高服务水平，同时开展服务转介和跟进工作。

3.3.5　鼓励当地民众参与服务，提升服务的可持续性：在提供服务时当地民众参与是必要的，一方面有利于服务的发展，另一方面有助于增进服务的持续性。

3.4　日常服务检讨和改进

3.4.1　每日总结和检讨：及时总结和检讨每天的工作是必要的，便于队员更深刻地学习，如检讨方案和带领者的优、缺点。可以通过小组形式鼓励当日活动带领者先讲，其他协助者补充，老师最后总结。

3.4.2　督导及补充：服务过程中常会遇到许多未曾预料的情境，需要督导给予及时支持。另外，服务也是实务联系理论的过程，在服务中需要督导帮助学生及时梳理、整合和更新原有知识。督导通常可以分为小组督导和个人督导两种方式，其中以小组督导为主，便于大家共同学习。

3.5　恰当处理儿童的需要和问题

3.5.1　对校园欺凌现象的处理

3.5.1.1　识别欺凌者和被欺凌者：校园欺凌者通常因为不善于控制自己的情绪、以自我为中心、进入青春期、家里有个"大哥"及经常被欺凌等缘故，在面对中低年级学生时可能会对其实施包括肢体的碰撞、语言的恐吓以及人际的孤立等行为。被欺凌者通常是看上去笨笨的、不懂如何与同学相处、缺乏处理人际关系技巧、看上去比较温和、反应比较慢的学生及低年级的学生。

3.5.1.2　介入建议

（1）学生层面的介入

认知：首先，让学生意识到哪些行为构成欺凌或者被欺凌；其次，

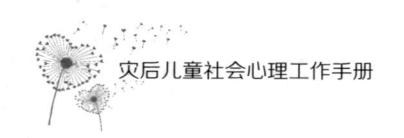

让学生明白除了打、骂、孤立等负面的人际处理方式之外，还存在很多种处理人际关系的方式；最后，让学生意识到彼此关爱是一种非常有价值的行为。

行为：使学生学习使用多种方式处理人际关系，肯定学生处理人际关系的恰当行为，否定学生的欺凌行为，使学生能够尽快停止欺凌。而对于被欺凌者，要使他们学会如何不卑不亢地面对欺凌和保护自己。

（2）校园层面的介入

首先，通过结对子互助、"蜜糖行动"、校园宣传等，营造包容、关爱、互助的校园文化。其次，开展教师培训，帮助教师更好地处理学生的欺凌行为。

（3）家庭及社区层面的介入

首先，让家长认识到欺凌行为对学生会产生不良影响，让家长认识到校园欺凌与家庭的教养方式是有关系的，帮助家长学习教养孩子的多种方式。其次，开展以消除欺凌为主题的社区宣传，动员社区力量共同消除欺凌。

3.5.2 儿童志愿者消极怠工现象的处理

社工在面对儿童志愿者怠工时不能将负面情绪带出来。应该先心平气和地询问怠工的原因，比如是不是作业太多、管理活动室时遇到什么困难等。待儿童志愿者打开心扉后，再与其探讨问题的解决办法。

3.5.2.1 个人层面：帮助儿童志愿者把工作做得充实、有趣。例如可以请对书感兴趣的人来管图书，除了借还书登记、整理图书之外，还可以预备跟书有关的游戏（临摹画、拼贴卡片等）。

3.5.2.2 团队层面：增强儿童志愿者的归属感、责任意识和志愿者精神。例如通过让儿童志愿者参与玩具选购、活动室装修的方式增强其归属感。

3.5.2.3 制度层面：建立一个条目清楚可参考的奖惩机制，尽量能涵盖儿童志愿者的行为表现。

3.5.3 不遵守活动室规定的处理，应从事实出发与学生讨论，给儿童表达自己的机会，而不是社工单方面处理。

3.5.3.1 个人层面：对于经常违反秩序的学生，社工要给予主动关注，跟进学生的行为习惯。

3.5.3.2 制度层面：社工要根据不同阶段儿童的特点设计活动室的活动内容。同时将儿童应遵守的规则张贴于醒目的位置并提醒其遵守。

3.6 结束服务

3.6.1 服务汇报：服务结束后应向当地负责人和资助方进行汇报，包括服务过程的阐述（时长、人次）、服务效果及影响力等。汇报时最好有一份书面的文字资料，汇报结束后应听取对方的反馈。

3.6.2 离别情绪处理：妥善处理离别情绪是衡量团队专业性的重要因素之一，这包括处理儿童和队员本身的情绪。在处理儿童的离别情绪方面，首先，提前告知结束时间是必要的，其次，建议在服务结束前筹划一次小型的聚会，如汇报演出，鼓励儿童参与节目并表达感受。在离开前赠送儿童个人成长档案，此档案也可用于与其他社工团队衔接。对于队员自身的离别情绪处理，督导老师应告诉队员留意自身在服务结束时可能出现的离别情绪，并帮助队员疏导，告知其离别情绪会出现是正常的，并帮助队员梳理服务中的成长和收获，以正向的心态结束服务。鼓励队员妥善处理与儿童的关系，如，可以建立一个公共的电子邮箱方便大家联系。

3.6.3 活动物资移交：虽然短期服务一般不涉及特别多的物资，特别是大型设备，物资处理的原则是将物资赠送给地方（如学校），并要求对方提供接收证明。返回后应将物资接收证明提交给资助方，并保留复印件。

3.6.4 服务整体评估：评估内容包括活动的产出、效果和影响力、

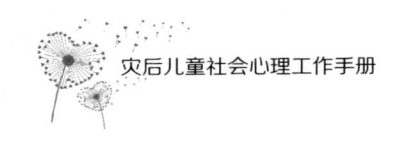

队员表现、督导方式、财务状况、沟通模式等，师生可从优、缺点两个层面共同进行评估。在可能的情况下可以请当地儿童、家长、老师、校长等针对相关方面征求反馈意见。

3.6.5 交代后续服务计划：在服务结束时，应清楚地交代接下来的服务安排，例如是否会正式建立周期较长（3~5年）的服务站。

3.7 实施留意事项

3.7.1 鼓励当地人全程参与，尊重其知情权：服务提供者应时刻留意当地人才是主人，对实际情况才最为熟悉。因此，在服务提供时应提供机会让当地人参与，包括需求评估、服务设计、服务提供、服务评估等环节。同时，应特别尊重当地人的知情权，即让当地人知道工作内容、方向、流程、进度等。

3.7.2 与当地负责人建立良好关系：需要留意的是不仅要与上层领导建立关系，而且要处理好与中层的关系，因为具体的工作往往是靠中层干部协调落实的。

3.7.3 根据需要及时调整服务方案：服务方案不能一成不变，应该从儿童实际需要出发及时调整。

3.7.4 留意队员的个人和人际情况，适时开展团队建设：在服务过程中，带队老师应特别留意队员的情况，包括身心、人际关系等，并及时给予帮助。

3.7.5 注意服务资料的保留和更新：服务过程中的资料应及时保存，可以按照资料的类别，如计划书、检讨报告、照片、简报等分类存档，同时刻盘以方便资料整理、记录与分析。务必留意保密。

3.7.6 留意与服务资助方保持沟通：向资助方交代是团队的重要任务之一，包括服务的产出、效果和影响力。应预备资助方中途探访并汇报服务的进展和提交服务材料。简报是一种理想的汇报方式，便于资助方及时了解服务开展的情况。

3.7.7 根据队员自身情况合理分工：每个队员都有自己喜欢和擅长的领域，带队老师应从儿童的需要出发，结合队员个人特点合理公平分工，并取得团队内部的共识。分工后并非一成不变，可根据实际需要的变化及时合理地调整分工范围。

3.8 服务内容

参考本章附录三《2008年成都信息工程学院赴小金县活动计划》。

4. 实施留意事项

4.1 选址不安全：安全的服务环境是保证服务成效的基本条件，不允许随便选址而忽略儿童和服务提供者的安全。

4.2 伤害服务对象：绝对不允许出现伤害服务对象的事情发生，如体罚、责骂、性侵等。一旦有类似情况出现，应马上处理并清退问题队员。

4.3 财务混乱：团队应有专人负责会计和出纳工作，坚决杜绝财务问题的出现。应做好流水账记录、财务报表和发票粘贴（按人、时间、用途粘贴发票）工作。

4.4 带队老师脱离团队：服务团队为一个整体，带队老师应是团队的主心骨，不应该撇下队员中途离开。

4.5 团队成员擅自行动：清楚叮嘱团队成员不要不顾服务对象及自身的安全擅自行动。例如到震源勘察，进行"灾区旅游"，结果给灾区添烦、添乱。

5. 伦理考量

5.1 安全第一：山区儿童距离服务地点（如学校）往往较远，往返参加暑期活动的路途安全是必须要考虑的。本着安全第一的原则，可以考虑在儿童往返途中增加必要的人力、财力投入。

5.2 保护儿童隐私：在提供服务时难免会涉及拍照和摄像等事情，因此应特别注意保护儿童的隐私，在使用儿童影像资料时应征得儿童及其监护人的同意。

5.3 不允许外人、参访者拍照：应阻止为了宣传个人而将儿童影像放到互联网上的现象出现。

5.4 尊重和善用当地文化，培养儿童提升对家乡的认同感和归属感：服务团队在当地提供服务时应该尊重当地文化，并利用当地文化中的积极元素设计服务内容。本着因地制宜的原则，促进儿童对社区的认识和增强其归属感，如可吸收传统舞蹈、艺术（如年画、羌绣）、故事、摄影等元素。

5.5 从儿童特点出发：应从当地儿童的需要和特点出发考虑和设计服务方案，根据儿童爱玩、爱动手、爱听故事的特点，有针对性地开展诸如夏令营、绘本故事、偶到服务、手工等活动。

5.6 加强儿童与照顾者的联系：服务对象以儿童为主，同时亦要考虑到照顾者在灾后面对的压力，及灾后儿童与照顾者之间的关系变化（如孩子害怕离开父母）。因此，在为儿童提供服务的同时，应促进或改善儿童与照顾者的关系，减轻照顾者的压力。

5.7 更新传统教育对儿童的看法：会用优势视角、个别化原则看待每一个儿童，为儿童的顺利成长营造一个良好的支持性的学习与活动环境。

6. 专业反思

6.1 儿童是有能力的：儿童不应被动地接受服务，他们也有能力参与活动设计和带领，因此应该在服务中倾听儿童的声音，创造机会让儿童展示自身的能力，并提升儿童的能力。

6.2 重视儿童隐私的保护：灾后服务是为了使儿童更好地成长，打着服务的旗号却为个人宣传和谋利的行为是极不道德的，如将学生的伤残部位拍照上传到互联网上,并标榜自己为他人服务就是一例。

6.3 灾后关注儿童、服务家庭:儿童是极易受伤的群体之一,灾难发生后应给予其足够的支持,减轻因灾难给儿童带来的冲击。同时,关注儿童服务也能够减轻照顾者的压力,可以说服务儿童某种程度上也服务了其整个家庭。

6.4 向儿童学习:在服务过程中,大学生队员不难发现儿童身上充满了创造力和应对策略,应向儿童学习。

6.5 师生之间教学相长:师生在服务过程中也会共同成长,相互之间更加信任。老师提升了督导的能力,学生提升了专业服务设计、带领、评估等能力。

参考文献

1. 曹克雨:《灾后儿童的心理问题与社会工作的介入》,《河北青年管理干部学院学报》2009 年第 2 期。

2. 贾晓明:《地震灾后心理援助的新视角》,《中国健康心理学杂志》2009 年第 7 期。

3. 管雷:《论优势视角下汶川地震灾区青少年的社会工作介入》,《四川行政学院学报》2008 年第 4 期。

4. 刘斌志:《震后失依儿童最佳利益的社会工作保护》,《南京人口管理干部学院学报》2012 年第 2 期。

5. 邓拥军:《儿童友家园:震后灾区儿童社会工作的经验》,《社会工作》2011 年第 10 期。

6. 朱雨欣、沈文伟:《灾后儿童心理重建路径探析——基于"人在情景中"的视角分析》,《社会工作》下半月(理论)2009 年第 9 期。

7. 陈会全、沈文伟:《中国灾害社工调查》,《中国社会工作》2013 年第 15 期。

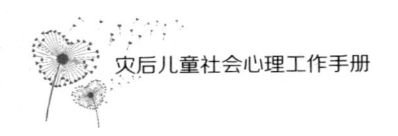

附录一　儿童文娱物资清单

图书	文具	室外玩具	室内玩具
1. 针对1~2年级小朋友刚刚学认字的特点。 ● 绘本书籍（较少文字配上插图画） ● 含有拼音标注的故事书 2. 针对3~6年级小朋友认字较多，开始关注词语、句子以及有趣故事情节的特点。 ● 系列性故事图书（《马小跳故事系列》《中国故事系列》《福尔摩斯》《哈利·波特》等） ● 漫画书、笑话书 ● 知识性图书（《十万个为什么》《知识百科》等）	● 画画的工具（素描纸、彩铅、彩笔、蜡笔等。低年级的小朋友很喜欢画画） ● 手工工具（孩子们很喜欢做手工，但用具最好是容易从生活中找到的），创意性的手工工具图书帮助引导孩子做手工 ● 橡皮泥	● 篮球（有条件时） ● 皮球（有条件时） ● 羽毛球 ● 乒乓球 ● 毽子 ● 跳绳 ● 皮筋绳 ● 悠悠球 ● 沙包 ● 躲避球	● 拼图（1~2年级小朋友很喜欢），木拼、纸拼 ● 棋类（象棋、五子棋、围棋、军棋、跳棋等） ● 桌上足球（适宜多人玩耍，也很受欢迎） ● 益智类拼图（船舰、飞机、车辆等模型拼图） ● 室内玩具（生活化的模具玩具） ● 积木

附录二 儿童服务暑期项目资料收集指南和记录方法

1. 目标

1.1 通过暑期项目探索受地震影响的儿童中、长期的发展需要。

1.2 探索社会工作者在灾区儿童服务所能扮演的角色。

2. 数据收集指南

2.1 聚焦目标导向的数据收集（如，留意儿童生理、心理和亲子关系）。

2.2 注意那些可能误导以及不能提供丰富信息的资料。

2.3 注意明显以及不明显的数据。

2.4 意识到本身的偏见（仅收集支持最初假设的数据）。

2.5 运用多元数据来源。

2.6 使用有效的方法（即那些能够实现其测量目的的方法）。

2.7 批判性地评估所收集数据的准确性。

2.8 收集那些能够帮助你探索与实现既定目标的各方观点。

2.9 考虑文化的差异性。

2.10 如有需要，运用真实生活场景进行观察。

2.11 描述特定情形中的行为表现（清楚地描述相关的行为、建设性的替代行为，以及该行为的前因和后果）。

2.12 批判性地评估你的因果假设——你能提供一个具有说服力的论证吗？其他可选择的观点有可能成立吗？

3. 建议方法

3.1 为每一个案主保存一份资料（如有可能的话）。

3.2 每天完成日志（关于活动和项目的）：日期、具体时间、活动和项目的地点、活动的过程（如参与者的情感和行为反应、非预期的结果、意外事件、做决定以及决定的结果）。

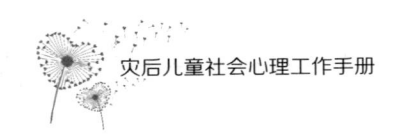

3.3 每天工作结束后,进行小组讨论,并仔细记录讨论过程与结果。

3.4 其他方法:自我报告、叙事记录、观察法和个案记录(请看附录)。

4. 记录方法

4.1 儿童的自我报告

4.1.1 自我报告是使用最广泛的信息来源方法。

4.1.2 有许多类型的自我报告,包括面谈中的口头报告和填答书面问题。

4.1.3 自我报告的优点包括收集资料比较轻松,以及在收集数据时有很大的弹性。

4.1.4 美国国家儿童虐待和疏忽中心推荐使用下面的指南对儿童进行访谈。

可以做	不可以做
确保访谈者是儿童所信任的人	让孩子感到"身处困境"或"感到困惑"
确保访谈的隐私性	贬损或批评孩子所选择的词语或是语言
坐在孩子的旁边,而不是隔着桌子或椅子	为孩子的答案提供建议
让孩子简要说明访谈者不能理解的语言	表现出对父母、孩子或情境的震惊或是不赞成
如果需要进一步行动,请告知孩子	强迫孩子做他们不想做的事情(如,要孩子重述地震时的情形)
	由一群访谈者进行访谈
	让孩子和一个陌生人待在一起

4.2 叙事记录

4.2.1 这个记录表格描述了行为以及相关的事件(所感兴趣的特殊行为发生之前和之后所发生的事情)。可以用它识别那些与所关注行为的线索和维持此行为相关的事件。

4.2.2　与此同时，也会提供有关行为的频次和比例的信息。

4.2.3　一个 ABC 表格（A 是 Antecendent，即刺激此行为的先在事件，B 是 Behavior，C 是 Consequences，即行为和结果），需要列出三栏，包括之前发生了什么，事件中的行为和感受，以及之后发生了什么，例如：

日期	时间	之前发生了什么	行　　为	之后发生了什么
10月8日	下午4点	小明躺在椅子上	我说："请起来参加我们的游戏。"	小明说："啊，闭嘴，我不想！"
10月8日	下午5点	小明拒绝吃晚餐	我说："请起来吃晚餐，这是我最后一次叫你。"	小明说："谁会在意？"
10月8日	下午5点15分	小明欺负另一个孩子	我说："请不要这样粗鲁。"	小明说："不要像一个老妈妈一样！"

叙事记录可以包括：

✓ 探索与问题相关的行为的发生频率

✓ 频次（事件）记录

✓ 持续时间（次数、小时）

✓ 强度（3 = 非常高兴，2 = 高兴，1 = 有点高兴，0 = 没感觉，-1 = 有点不高兴，-2 = 不高兴，-3 = 非常不高兴）

4.3　自然情景中的观察——由你自己去看

4.3.1　征得案主同意后，在真实生活情景中观察案主和重要他人可能是需要的，这种观察可以帮助你识别与特定行为相关的前因和后果。

4.3.2　在访谈或活动中观察案主的行为，有助于获得关于其他人如何回应案主以及案主如何感知环境或某一主题的线索。

4.3.3　需考虑的因素有：

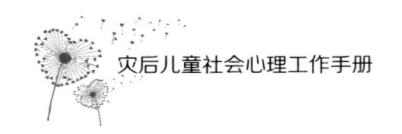

- 谁去观察
- 观察什么
- 什么时候观察
- 观察多久
- 如何将外界干扰减至最低
- 如何保存所收集的数据

4.3.4 在真实情景中观察通常会犯的错误：

- 忽略合理和意义重大的情况
- 忽略干扰准确观察的偏见（刻板化印象）
- 未描述情境中的行为（没有描述与行为相关的情境中的事件、原因和结果）
- 使用模糊不清的描述
- 进行无效的观察
- 使用无效的观察编码系统
- 假设在某一情境中的观察可以迁移到其他的情境
- 提供说明而不是描述
- 假设观察者之间达成共识能够说明观察的准确性

4.4 个案记录

4.4.1 个案记录的例子有公安局或派出所的记录、学校表现记录和医院记录。

4.4.2 个案记录的优点包括及时记录、节约成本、非强迫性以及有效性。

4.4.3 缺点则包括会遗漏数据。

4.4.4 个案记录的精确性受记录数据者的偏见的影响。

4.4.5 基于含混不清的依据通常会得出负面的结论，而极少提出正面的陈述。

4.4.6 个案记录的常见问题有：

- ✓ 呈现未描述的问题
- ✓ 聚焦于案主和重要他人的问题，而忽略案主的优势和资源
- ✓ 对问题、既定目标以及相关情况的描述模糊不清；未提供个案计划指南
- ✓ 忽略了环境因素
- ✓ 丢失了重要的人口统计学方面的信息（如，年龄、一个家庭的人口数）
- ✓ 包括不相关的内容
- ✓ 使用行话（如心理学术语）
- ✓ 描述和结论含混不清；描述性词语被当作解释性词语
- ✓ 未清楚陈述评估程序
- ✓ 服务目标含混不清
- ✓ 遗失了最新的数据

附录三　2008年成都信息工程学院赴小金县活动计划

主题	活动内容	活动方式
功德小先锋	照片采集	1. 姓名记录 2. 哈哈快乐标识粘贴
	活动介绍（成员自我介绍，主要包括我们是谁、从哪里来、要做什么，关于我们此行的目的和活动的大概内容）	主持人介绍活动内容
	"小熊舞"	1. 主持人介绍节目内容及表演方式 2. 表演时两个负责成员分别做出示范动作，然后让小朋友们跟着做 3. 负责成员只做动作不唱歌
	"进化论"游戏	1. 主持人介绍节目内容及相关游戏规则 2. 分成两组，一组做完后，另一组接着做
	镜子游戏	1. 游戏分为两轮，每轮20人 2. 每轮两个人自由搭配为一组，一人扮镜子，一人照镜子，照镜者与扮演镜子者做一样的动作。
智能小精灵	"小熊舞"的复习	1. 主持人介绍活动 2. 全体一起唱歌、跳舞
	"接苹果"游戏	1. 主持人介绍活动内容 2. 先做出示范，然后分成两组进行，一组完毕，进行下一组
	数学智力测验	1. 主持人介绍活动 2. 出10道二年级数学智力题，选择孩子回答（主持人数1，2，3开始，谁先举手谁先回答）

续表

主题	活动内容	活动方式
智能小精灵	"蝴蝶飞"游戏	1. 主持人介绍节目内容及相关游戏规则 2. 规则：首先确定"大蝴蝶"，然后依次报数成为二蝴蝶、三蝴蝶、四蝴蝶等。最后说"大蝴蝶飞，大蝴蝶飞，大蝴蝶飞了，某蝴蝶飞"。大蝴蝶飞的时候，大蝴蝶旁边的同学也要跟着飞，同样依此类推。 3. 先做出示范，然后分成两组进行，一组完毕，进行下一组
	数学智力测验	1. 主持人介绍活动 2. 出10道二年级数学智力题，选择孩子回答（主持人数1，2，3开始，谁先举手谁先回答）
	绕口令	1. 主持人介绍节目内容及相关游戏规则 2. 一词一句地教授，慢慢领读 3. 领读，连续3次，速度逐渐提高 4. 小朋友自己读
运动全接触	检查卫生	主持人带领小朋友张开双手，检查卫生
	"小熊舞"的复习	在主持人带领下，全体一起唱歌、跳舞
	乒乓球接力赛	1. 主持人介绍活动内容 2. 比赛分为两轮，每轮24人，然后再分为两队，每队12人 3. 参赛者均匀地分配在起点与终点（两边各6人），第一个参赛者单手用乒乓球拍托着乒乓球，从起点出发把球传给终点的另一个队员，依次循环进行，传得最快组获胜，途中如果掉球，重新回到起点继续比赛
	脑筋急转弯	1. 主持人介绍活动 2. 出15道脑筋急转弯题，孩子举手回答（主持人数1，2，3开始，谁先举手谁先回答）
	夹乒乓球	1. 主持人介绍节目内容及相关游戏规则 2. 比赛分为两轮，每轮24人，然后再分为两队，每队12人。 3. 参赛者均匀地分配在起点与终点（两边各6人），起点和终点各放置一个筐。筐里放一个乒乓球，1人用筷子从有球的筐里向空的筐里夹球，球放到筐后另外一个人再夹起球，放到对面的筐里，途中球如果掉到地上可以捡起来继续比赛，用时最少者获胜

续表

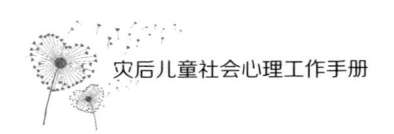

主题	活动内容	活动方式
运动全接触	"海底捞月"游戏	1. 主持人介绍活动 2. 比赛分为4组，每组10人。每个组10名队员依次排开排成一列，脚挨着脚，第一名队员举起篮球，当听到裁判发令后，第一名队员将球从胯下传给第二名队员，依此类推，先传完者获胜
	自我表演	1. 以前面游戏分成的4组为4个队，每队出一个节目 2. 每队的同学自行表演节目，不设任何限制
情商乐园	检查卫生	主持人带领小朋友张开双手，检查卫生
	折纸（郁金香、企鹅）	1. 主持人介绍活动内容 2. 全体成员分为6组，每组7~8人，每组一位工作人员 3. 每一个动作细节都先示范，然后工作人员慢慢指导
	唱歌	1. 主持人介绍活动内容 2. 负责人教唱歌曲《让世界充满爱》
	自我表演	同学们主动起来表演节目
美艺天地	检查卫生	主持人带领小朋友张开双手，检查卫生
	"小熊舞"的复习	在主持人带领下，全体一起唱歌、跳舞
	"敬礼舞"	1. 主持人介绍活动内容 2. 先做出示范，然后分成两组进行，一组完毕，进行下一组
	"小小茶壶舞"	1. 主持人介绍活动内容 2. 先带领跳一次，然后全体一起唱歌、跳舞
	"儿童扑克舞"	1. 主持人介绍活动内容 2. 先做出示范，然后分成两组进行，一组完毕进行下一组
	心语心愿箱介绍	1. 主持人介绍心语心愿箱的作用（孩子的心愿，孩子想对我们说的话，孩子对我们活动的意见等）
功德小先锋	"茶壶舞"	在主持人带领下，全体一起唱歌、跳舞
	洗脸、刷牙演示	1. 主持人介绍活动内容 2. 先示范一次，然后小朋友跟着做

续表

主题	活动内容	活动方式
功德小先锋	文明与不文明现象讨论及分享	1. 主持人介绍活动规则及内容 2. 分组进行讨论，共 9 组。学生将自己的结论写下，并由组长进行汇总 3. 讨论完毕后，通过头脑风暴的形式进行汇总 4. 盖上印章
	公德小故事	负责同学给小朋友们讲小故事
	自我表演	小朋友自行表演自己准备的节目
	"爱的鼓励"与作业布置	1. 爱的口号的回顾 2. 作业布置（危险的寻找）
智能小精灵	"茶壶舞"的复习	1. 主持人介绍活动 2. 全体一起唱歌、跳舞
	"咕噜咕噜"游戏	1. 主持人介绍活动内容 2. 组员先做示范，然后全体同学围成一圈，两拳交错上下边绕圈边念"咕噜咕噜1（出示1根手指）"，A 说："一头牛。"两个人再绕圈并念："咕噜咕噜2（出示2根手指）"，B 说："两只鸟。"依次说数字组词到 10，10 个人结束后，让小朋友自己纠正同学的错误，回答正确奖励一个印章
	数学智力测验	1. 主持人介绍活动 2. 出 5 道二年级数学智力题，选择孩子回答（主持人数 1，2，3 开始，谁先举手谁先回答）
	讲故事	负责同学讲小故事
	脑筋急转弯	1. 主持人介绍活动 2. 出 5 道脑筋急转弯题，选择孩子回答
	"水果蹲"游戏	1. 主持人介绍活动内容 2. 全体分为 4 个小组，每个小组内穿插两个负责人。把印有相应水果的小纸片发给小朋友，然后让小朋友自己介绍自己是什么"水果" 3. 规则："桃子（水果）蹲，桃子（水果）蹲，桃子蹲了，苹果蹲"，依此类推
	"爱的鼓励"	全体一起在主持人带领下高呼口号

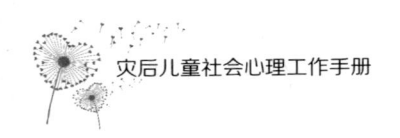

续表

主题	活动内容	活动方式
运动全接触	"茶壶舞"的复习	1. 主持人介绍活动 2. 全体一起唱歌、跳舞
	背球接力赛	1. 主持人介绍活动内容 2. 比赛分为4组，每组12人，一、二组先比赛，比赛完毕后另外两个组再进行 3. 参赛者均匀地分配在起点与终点（两边各6人），两人为一队。两个人不能用双手抱球，只能用背部夹住两个篮球，从起点出发传给对面的队友，看谁用时最少，出现掉球和用手扶球现象均为犯规
	眼保健操的学习（第一、二节）	1. 主持人介绍活动 2. 由负责的3名队员给小朋友做出示范，然后配合音乐一点一点地讲解 3. 小朋友自己做，队员给他们纠正错误 4. 最后由小朋友自愿出来给大家演示
	"抢苹果"游戏	1. 主持人介绍活动内容及相关游戏规则 2. 比赛分为4组，每组12人，一、二组先比赛，比赛完毕后另外两个组进行 3. 参赛者均匀地分配在起点与终点，两队间隔一定距离相向而站，分别从左到右报数。根据主持人念的号数，每队相应号数的同学去抢放在场地中央的苹果。如A同学抢苹果，应迅速返回，B同学应尽力在A同学返回之前抓住A。若A被抓住则A输，没抓住的话A赢
	自我表演	三位小朋友自行表演节目
	"爱的鼓励"	全体一起在主持人带领下高呼口号
情商乐园	"茶壶舞"的复习	1. 主持人介绍活动 2. 全体一起唱歌、跳舞
	故事《我们还是好朋友》	1. 主持人介绍活动内容 2. 一个同学讲故事，其他同学根据故事的情节进行表演

续表

主题	活动内容	活动方式
情商乐园	眼保健操的学习（第三、四节）	1. 主持人介绍活动 2. 由负责的3名队员给小朋友做出示范，然后配合音乐一点一点地讲解 3. 小朋友自己做，队员给他们纠正错误 4. 最后由小朋友自愿出来给大家演示
	"我错了"游戏	1. 主持人介绍活动内容 2. 小朋友们在比较空的场地上围成一圈。主持人喊1时，举左手；喊2时，举右手；喊3时，抬左脚；喊4时，抬右脚；喊5时，不动。当有人出错时，出错的人要走出来站到大家面前先鞠一个躬，举起右手高声说："对不起，我错了！" 3. 游戏重新开始，以此循环，适可而止
	自我表演	同学们主动起来表演节目
美艺天地	"小熊舞"的复习	在主持人带领下，全体一起唱歌、跳舞
	眼保健操	在音乐的配合下，全体做眼保健操
	捏泥人	1. 主持人介绍活动内容 2. 首先在组长的带领下捏出规定的泥娃，然后给它们拍照 3. 给小朋友发放橡皮泥，让他们自我发挥，自己捏自己喜欢的东西 4. 捏成的东西小朋友自己保管
	自我表演	三个孩子自行表演节目
功德小先锋	眼保健操	在眼保健操音乐的配合下，组员指导小朋友们做
	行走礼仪介绍	1. 主持人介绍活动内容 2. 进行小型话剧表演（有错误的礼仪） 3. 让小朋友指出表演中的错误
	敬礼舞的表演	1. 主持人介绍活动规则及内容 2. 先做出示范，然后分成两个组进行，一组完毕下一组再进行
	同学礼仪讲解	1. 主持人介绍活动内容 2. 进行小型话剧表演（有错误的礼仪） 3. 让小朋友指出表演中的错误
	自我表演	小朋友自行表演自己准备的节目
	"爱的鼓励"	爱的口号的回顾

续表

主题	活动内容	活动方式
智能小精灵	眼保健操	主持人介绍活动
	"猜成语"游戏	1. 主持人介绍活动内容 2. 分发带有成语的字条，一个小朋友一个字 3. 规则：由主持人喊出一个成语，然后拥有这几个字的小朋友站出来组成这个成语，并尝试解释这个成语再造句
	数学智力测验	1. 主持人介绍活动 2. 出5道二年级数学智力题，选择孩子回答（主持人数1，2，3开始，谁先举手谁先回答）
	讲故事	负责同学讲小故事
	脑筋急转弯	1. 主持人介绍活动 2. 出5道脑筋急转弯题，选择孩子回答
	水果大爆炸	1. 主持人介绍活动内容 2. 请事先约好的同学组织表演
	"爱的鼓励"	全体一起在主持人带领下高呼口号
运动全接触	眼保健操	主持人介绍活动
	"聋哑盲人"游戏	1. 主持人介绍活动内容 2. 比赛分为4组，每组12人 3. 参赛者均匀地分配在起点（终点），两人为一小队。一人为盲人，一人为聋哑人，聋哑人牵着盲人绕着障碍物从起点走到终点。一小队完毕，另一小队接着，小组全部完毕后看谁用时最少
	脑筋急转弯	1. 主持人介绍活动 2. 出5道脑筋急转弯题，选择孩子回答
	"抢板凳"游戏	1. 主持人介绍节目内容及相关游戏规则 2. 比赛分为4组，每组12人，两个组先比赛，比赛完毕后另外两个组再进行 3. 场地中央放置若干条板凳，队员围绕着凳子站立，当"裁判"一吹哨子，队员就围着凳子小跑，哨子声停止，队员就抢凳子坐，没有凳子坐的队员就被淘汰
	自我表演	三位小朋友自行表演节目
	"爱的鼓励"	全体一起在主持人带领下高呼口号

续表

主题	活动内容	活动方式
情商乐园	眼保健操	主持人介绍活动内容
	"动作连连看"	1. 主持人介绍活动内容 2. 规则：全体分成5组，每组要求双数进行比赛，全体队员面向黑板，单数队员比划动作，双数队员说动作的意思，由最后一个成员说出所传的是什么东西
	讲故事	1. 主持人介绍活动内容 2. 一个同学讲故事，其他同学根据故事的情节进行表演
	集体画	1. 主持人介绍活动 2. 按报数分组。分6~7组，每组8~9人（在分组的同时给每个小朋友发一支水彩笔） 3. 每组小朋友依次在桌上画画，画完后，小组讨论画的含义和给画取名字
	自我表演	同学们主动起来表演节目
美艺天地	眼保健操	在音乐的配合下，全体做眼保健操
	舞蹈"这个世界真是小"	1. 主持人介绍活动 2. 先由组员做示范给小朋友看，然后将所有小朋友分为3组，每组18~20人（男女搭配） 3. 队员演示，小朋友跟着做
	讲故事	负责的同学绘声绘色地给小朋友讲故事
	兔子舞	1. 主持人介绍活动规则 2. 规则：所有小朋友围成一个大圆圈，手搭着前面同学的肩膀，顺着音乐左右踢腿
	自我表演	三个孩子自行表演节目

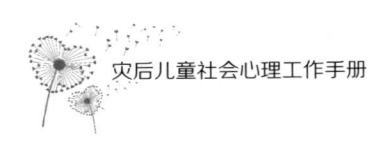

活动媒介适切性建议

活动形式	成效/建议
一、公德小先锋 1. 文明与不文明现象讨论及分享 2. 公德小故事 3. 寻找校园危险的地方 4. 行走礼仪、同学礼仪的传达（以话剧的形式） 5. 爱的鼓励	通过和小朋友一起探讨一些不文明的现象，让他们明白自己生活的环境中可能存在危险的地方，尽可能地降低他们出现安全事故的可能。给他们讲故事，让他们在轻松愉快的环境中能学习到一些常用的知识
二、智能小精灵 1. 智力题 2. 脑筋急转弯 3. 绕口令 4. 成语	虽然他们平时在课堂上会学到很多书本知识，但我们给他们带去的更多是课外的东西。在一些带有娱乐性质题目的引导下，小朋友能摆脱课堂严肃的气氛的束缚，开心快乐地学习，做一个既能学到知识又快乐的小精灵
三、运动全接触 1. 乒乓球接力赛 2. "抢苹果"游戏 3. 盲人和聋哑人 4. 抢凳子	我们通过实地的考察后，发现当地小学因为兴建了很多活动板房，就没有运动的场地了。所以我们专门设计了一系列带有运动性质的游戏，希望小朋友可以正常地开展户外活动，锻炼身体、增强体质，并在游戏中提升团队意识，加强竞争。通过多次活动，小朋友在锻炼身体的同时对户外学习有了新的认识
四、情商乐园 1. 折纸 2. 小故事：《我们还是好朋友》 3. 集体画	根据我们的观察，因为条件的不允许，当地学校很少开展这一类课程，所以我们专门推出了这个项目，希望能提高小朋友的动手能力，让他们不仅能接触理论的东西，而且能把理论运用到实际中去
五、美艺天地 1. 舞蹈（小熊舞、敬礼舞、小小茶壶舞、儿童扑克舞、兔子舞等） 2. 捏橡皮泥	这是一个对小朋友来说很新颖的环节，他们不仅能学到舞蹈，还能接触平时不能接触的很多游戏，和情商乐园一样，我们主要是为了提高他们的动手能力，舞蹈的学习更主要的是想让他们展示自己，使沉默的孩子能开朗起来，使积极的孩子能更加主动、大方地表现自己

第3章
儿童康复工作

凌彩庆*

概 述

  四川省绵竹市汉旺学校、中新友谊小学在地震中财产损失严重、人员伤亡大，有226名学生不幸遇难，100余名学生严重受伤。为回应伤残学生的需要，项目在两所学校建立社工站。地震中受伤致残特别是截肢儿童出院后面临着一系列需求，陈会全、欧羡雪（2013）认为他们除有身体康复需求之外，还有自我认同和回归社区的需求。"生态视角"强调个体与环境之间的交互影响，地震致残儿童出院后会面对压力情境，如个体的需要上升，同时满足需要和依赖的能力却下降，而环境可能也无法满足伤残儿童日益增加的需要，人与环境之间的动态平衡被身体致残打破。为了达致"平衡"状态，社工站尝试引入"社会包容"

---

 * 凌彩庆，女，壮族，毕业于乐山师范学院社会工作专业。2009年8月起为香港理工大学四川"5·12"灾后重建学校社会工作项目绵竹市汉旺学校社工站、中新友谊小学社工站驻站社工。2013年就读云南大学公共管理学院社会工作硕士，中级社会工作师。王海燕，女，2009年毕业于成都信息工程学院社会工作专业，四川灾害社会心理工作项目助理督导，同作者一起从事跨专业的儿童康复社会工作，对本章框架搭建、资料收集、内容撰写方面做出了重要贡献。本章行动表1康复筛查由索光虎、罗英敏撰写。

(Social Inclusion)的概念以回应地震致残儿童失衡后产生的多样化需要。李楚翘（1997）指出"社会包容"不同于"正常化"（Normalization）和"社会融合"（Social Integration），后者是假设弱能人士是异常或被边缘化的，而康复就是要把他们纳入所谓"正常人"的生活和行为模式中，通过构建残疾人的各种能力，把他们从社会边缘处带回主流。"社会包容"强调人本身的价值和生活于社区的事实，它支持伤残人士自主轻松地生活于开放的、包容的和多元化的社会中，并通过积极的交互影响实现双方的动态平衡（陈会全、欧羡雪，2013）。

社会包容强调对人的原有价值和能力的重视，强调伤残者个人的主动性在康复中的积极意义。除此之外，也强调对环境中所蕴涵资源的重视，伤残者生活其中的社区资源的多寡极大地影响着个体功能的发挥，而资源可以物质形态出现也可以精神形态出现，如开放、包容、接纳、多元等。在"社会包容"的理念指引下社会工作者尝试联系家庭、学校和社区，邀请伤残儿童、健全儿童以及他们的家长和老师一起参与活动，让伤残儿童重新认识和接纳自己、改善人际关系、提升自信心，建立自我认同，并通过在社区宣传包容的理念营造一个包容、接纳、多元的社区环境，最终达到伤残儿童个体与环境的动态平衡。

面对伤残儿童的多重需要，如在肢体康复的同时还面临着自我认同、接受残疾事实和更好地在学校、社区内学习和生活，建立支持网络的需求，社工站引入"跨专业"（Interdisciplinary）的概念。跨专业通常指在研究和社会服务环节中，来自不同专业的工作人员共同协作、调适各自的研究或服务途径，以取得对问题更准确的切入，但仍保持一定的专业界限。与伤残儿童需要相对的是物质治疗、作业治疗、社会工作、心理治疗等发挥各自专业优势进行回应（陈会全、欧羡雪，2013）。跨专业强调的是各个专业通过密切合作建立一个沟通平台，为服务对象提供全方位的个性化服务。社工站也尝试利用自身平台，并发挥社会工作在协调统筹上的优势，将心比心，保持开放的态度，找出双赢的策略，减少不同专业的分歧，并利用个案会议、家访、服务设计等途径开展跨专业服务。本章正是对过去 6 年康复工作的经验总结。

行动表 1　康复筛查

索光虎　罗英敏*

1. 理念

2008 年汶川大地震严重破坏了包括绵竹市汉旺镇在内的众多乡镇房屋。小学作为人员集中区，在地震中伤亡巨大，一部分儿童因此致残。国家在地震后投入了大量的人力和物力保障伤者的治疗，但因为身体的快速变化和缺乏正确的康复指导，很多儿童伤员出院后需要面对各种康复问题。为了促进他们康复，需要最大限度地恢复残疾者的生物机能或进行功能补偿，以增强其参与社会生活的能力（历梓焜、历中远，2011）。地震致残儿童因外形的缺陷不愿与他人交流，害怕被取笑而畏惧上学（朱平、董青等，2008）。青少年致残者的继续教育问题也有待妥善解决（何苗、戴倩倩，2009）。伤残者畏学、教育问题是显性残疾缺陷的表现之一，实际上在我们的服务过程中，会遇到一些在地震中隐性受伤的儿童，如挤压伤、挫伤、神经损伤等，他们出院后由于缺乏医疗知识容易忽视后期康复，如家长表示对孩子自述伤处仍有痛感、不让触碰等疑惑不解，认为孩子小题大做。针对这种情况，社工站对有明确康复需要或者可能存在康复需要的儿童进行了康复筛查。本节是对在汉旺小学进行康复筛查的经验的分享及反思。

---

* 索光虎，男，汉族，毕业于湖南省衡阳医学院康复专业。2009 年 3 月起为香港理工大学四川"5·12"灾后重建学校社会工作项目社工师；罗英敏，男，四川灾害社会心理工作项目顾问，澳大利亚墨尔本大学物理治疗硕士（骨科），英国皇家公共卫生学会院士，香港理工大学物理治疗学临床导师。汶川地震后在四川管理康复治疗的服务和培训工作。

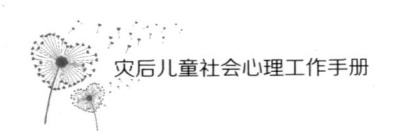

2. 目标

本着不放弃一个的原则，充分发现有康复需要的儿童，给他们更多、更系统的康复治疗，为他们的顺利成长保驾护航，为他们的家庭减轻压力。

3. 主要行动

3.1 筛查

3.1.1 确定儿童筛查范围

根据学校及地方残联的统计资料，可以查出地震受伤学生是谁、所在班级等信息。由于官方提供的多是受伤严重的学生清单，想要全面了解学生受伤的情况，仍需要在全校展开筛查，特别是针对在地震中受伤害最严重的班级。

3.1.2 制订计划并请求校方配合

筛查是以学校为依托开展的学生工作，学校的支持必不可少，争取校方的同意才能更好地开展筛查工作。同样，筛查后进行康复治疗也需要学校的理解和支持。

3.1.3 制作、发放并回收筛查表

初期筛查表制作较为简单，主要考虑学生的认识能力以及理解能力，其中筛查的主要项目包括姓名、性别、年龄以及受伤的情况等，主要是学生自己填写。筛查表可以通过班主任发放到每个学生手里，由学生填写后返回社工站。

3.1.4 链接资源协助开展检查与筛查

在初步筛查的基础上确定检查名单，联系专业康复团体如香港复康会等，使用两份专业量表（见附录一《康复筛查表》和附录二《康复治疗家访登记表》）协助开展康复检查。

3.1.5 确定有康复需要的儿童

在专业康复师的指导下，在初步筛查和检查的基础上最终确定有康

复需要的儿童。

3.1.6　开展进一步康复工作

在确定好需要跟进的儿童之后，驻站治疗师应再进行一次家访，对这些儿童的情况进行更深层次的了解，并利用周末时间进行检查与跟进，确定康复目标，制订康复计划。利用周末时间的好处是不影响儿童的学习、能够有足够的时间了解他们各方面的需要及他们居住的环境并有机会与他们的父母和家里的关键人进一步沟通。

3.2　善用资源

3.2.1　学校资源：校方的理解与支持、教师的配合是十分必要的，可以使筛查工作顺利完成，最终确定需要跟进的学生名单。

3.2.2　社会资源：在确定筛查名单的过程中，社工站不仅利用学校以及地方残联的伤员统计名单，同时也通过对儿童、儿童家长以及周围社会人员的探访，了解伤残儿童的大体范围，最终将筛查缩小在一定范围内，大大提高筛出率，同时也降低遗漏率，有利于提高工作效率。

3.2.3　志愿者支持：康复专业志愿者能够有效地协助筛查和初步检查工作的进行，如香港复康会和四川大学华西医院康复科康复师，他们可有效解决社工站康复师人手不足问题，大大提高工作效率。

3.2.4　学校学生协助：学生对社工站比较陌生，很多学生虽然填写了筛查表，但大多以为是学校组织的问询，对于社工站的筛查目的不甚清楚，致使有潜在康复需要的儿童不会到社工站进行检查。可以通过与儿童的沟通减少他们对筛查的误会和紧张感，以便快速有效地筛查。

3.3　建立康复档案

对于新筛查出的儿童，社工站应进行及时的康复跟进，同时建立个人康复档案，记录社工和康复师的工作及儿童的康复计划和进展。

4. 实施留意事项

4.1　筛查前需向被筛查儿童及学校教师做好相关的解释工作。在

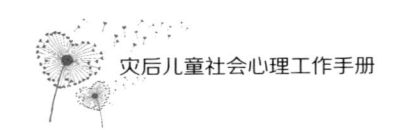

筛查过程中，儿童填写的问卷中有很多与受伤无关的问题，比如即使筛查表上写的是"是否在地震中受伤"，但是他们依然会写有肚子疼、头疼、脚发凉等问题。这一方面反映了儿童的可爱与天真，另一方面也反映出他们对于筛查的不理解，在进行筛查工作时必须进一步解释和说明。

4.2　在筛查过程中，有部分儿童会提到心理问题，如晚上怕黑；会梦到遇难的同学等，社工可以有针对性地留意儿童的这种诉求，进一步了解和关心他们。

4.3　在筛查过程中，可以请求班主任老师和社工站配合完成筛查。

5. 工作反思

5.1　社工站日常工作主要关注学校和地方残联提供的名单上的儿童，筛查只是日常康复工作的扩展和延伸。但为了保证受伤的儿童都可以接受康复服务，社工站应该主动寻找潜在的伤残儿童并提供服务。

5.2　在筛查过程中，有的儿童的问题尽管可以在很短的时间内得到解决，但实际上他们的问题却一直存在，因此不能只盯着受伤严重的儿童，也应该对其他受伤儿童进行全面的筛查，以确保其获得需要提供的后期康复服务。尽管做得不多，但是对于这些儿童来说却有着极为重要的意义。

5.3　筛查不是独角戏，单靠一个组织或某一专业是无法完成的。在整个筛查过程中，需要学校、家庭、社会以及儿童付出真心和认真投入，而对于筛查结果，社工站也有义务向学校、家长进行详细的解释。

行动表2　伤残儿童个案服务

1. 理念

中国在康复个案工作方面的文献和经验很有限。内地学者对个案工作的对象、目的和方法的看法在相当大的程度上是一致的，如他们认为个案工作主要在于帮助个人与家庭减轻压力、解决问题，要通过建立与当事人彼此合作的和谐关系，充分调动当事人本身的潜能和积极性，运用其本身和外部资源，帮助当事人成长。不同的是内地学者更强调家庭单位在个案工作中的重要性，强调个案工作的专业性和知识性，而对其科学性和艺术性强调的不多（隋玉杰，2007）。因灾受伤儿童的伤残种类可分为截肢、骨折、神经损伤、留下疤痕等，不同伤情也影响他们重新认识和接纳自己。社会工作遵循案主个别化原则开展服务，让儿童感到被尊重，从而帮助其实现认识自己、接纳自己、自信生活和适应环境的目标。同时，朱平、董青等（2008）提出针对地震伤残者，可以在进行个案工作的同时，留意其家庭的影响和支持，并积极与监护人合作，共同为儿童康复努力。

2．目标

2.1 帮助儿童重新认识和接纳自己，提升其自信心及改善人际关系。

2.2 帮助儿童更好地适应新环境。

3．主要行动

3.1 需求评估

3.1.1 社工根据学校提供的数据，获得伤残儿童的名单、受伤情况、家庭信息等。

3.1.2 社工通过与康复治疗师讨论与澄清，了解儿童在不同伤情之下的身体功能情况，以及这些功能情况对适应日常生活可能存在的挑战。

3.1.3 社工通过校园观察，与伤残儿童的老师、监护人等沟通以了解他们地震前后在个人行为、人际关系等方面的变化并进行比较和

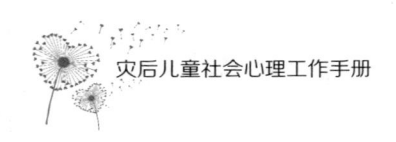

评估。

3.1.4 社工和康复治疗师对儿童进行家庭需求评估（详见附录三《康复家庭需求评估访谈表》）。

3.2 个案跟进

3.2.1 通过家访与案主建立良好的专业关系。

家访是与案主建立良好专业关系的重要方式，更是其他工作顺利开展的关键环节。家访必须清楚目的，提前预约，以便更好地规划工作，减少给儿童及其监护人带来的不便。和办公室面谈一样，家访时务必做好面谈记录，以便有据可查。

3.2.2 定期开展个案会议。

3.2.2.1 会议以探讨儿童现阶段的康复情况为中心，以预测可能存在的其他隐忧情况等为重点。顾问、督导及同工对案主的情况可以展开有目的性的探讨，设计能够满足儿童需要的服务项目。

3.2.2.2 个案会议能够帮助社工更好地把握服务方向，因此必须定期召开会议。召开个案会议前应充分准备，会中积极探讨、献言献策，会后认真撰写会议记录，并根据个案会议的决定开展跟进工作。

3.2.2.3 要尊重并相信不同专业的重要性及权威性。

4. 实施留意事项

4.1 需求评估

4.1.1 尽可能通过观察、面谈、家访等不同途径，访问与儿童关系密切的家人、老师及好朋友，全方位认识和了解情况，并及时更新信息。

4.1.2 对儿童本人进行需求评估时，注意语言、语气，不能由于急于了解情况忽视伤残儿童及其监护人的感受,任意发问。如儿童因为截肢显得情绪比较低落时,需要敏感地帮助其平复情绪,甚至停止讨论,不应继续询问儿童有关截肢的问题。

4.1.3 在需求评估的过程中,务必留意保护儿童及其监护人的隐私。如选择相关的访问群体,必须是与儿童关系密切的家人、老师等;对因好奇不断向社工了解儿童情况的其他无关人员不予回应,对伤残儿童及其监护人有明显偏见的言论要留意及进行分析。

4.2 家访

4.2.1 家访时应做到提前预约,准时到访,事先准备访谈提纲,衣着得体。

4.2.2 家访进入正题前,应清楚地介绍社工的身份,澄清社工的工作内容和目的,让案主知情了解。

4.2.3 第一次家访时,若儿童身体不适,或适逢儿童生日时,可适当给儿童带小礼物。如果儿童刚做完手术在家休养,可以适当带点水果,这能使伤残儿童感受到工作人员的关心,给儿童留下好印象,有助于建立专业关系。

4.2.4 家访要提前预约,以免让伤残儿童及其监护人有"被控制感",造成他们的不安。同时,预约随儿童与社工关系的变化可以适当变化,如从开始通过家长预约,调整为通过与儿童预约(务必让儿童通知家长)。当下,越来越多的儿童拥有了手机,对青春期学生而言,社工能够直接和他们约谈与其相关的事情,会让对方感到受尊重,并且有利于其康复。

4.2.5 家访预约最好错开吃饭时间,除非特别设计和准备通过观察了解儿童吃饭时与家庭成员间的互动。如果没有办法避开饭点,最好做到入乡随俗,大方应邀一起就餐,社工在吃饭时可与儿童及其监护人讨论相关话题,增进彼此的感情。

4.2.6 关系建立初期，社工不要在家访时主动提及敏感的容易使伤残儿童受伤的话题，如反复提及受伤部位或受伤的经历等。儿童主动提及时，社工应该仔细倾听并给予真诚的回应，社工不需要急于提问或深挖事件，以免造成对儿童的"二次伤害"。

4.2.7 社工家访时还要注意了解和跟进伤残儿童的康复训练情况，如果由于儿童情绪低落等原因而影响训练，社工要及时跟进，以确保康复训练能够发挥积极有效的功用。

4.2.8 家访时，社工重点关注案主，同时不能忽略对其监护人的关注，这有助于通过监护人更好地帮助伤残儿童。

4.2.9 家访话题务必多元化，儿童本身的思想也是丰富和多元的，讨论单一呆板的话题不利于服务开展。与儿童交流其感兴趣的话题才能让交流继续。

4.2.10 和需求评估一样，家访时也必须遵守保密原则。第一次家访时，需要向儿童及其监护人强调社工的保密原则，并向他们澄清具体如何保密，例如不会向学校的其他同学提及家访的内容等。

4.3 多元工作手法结合

4.3.1 鼓励儿童参加对其成长和发展有帮助的活动，但是必须尊重伤残儿童的意愿，如有些活动环节儿童不愿参与，一开始社工可以鼓励与动员他们参加，但是不需要强制儿童必须参与，尊重儿童自由参与的权利。社工需要了解他们不参与的原因，并做适当的跟进。

4.3.2 利用多元工作手法开展工作，力求去标签化，思考各类主题性活动，如运用"社会包容"理念，将伤残儿童和普通学生融合在一起开展活动。

4.3.3 充分相信案主的潜能，设计让案主可以表达和展示自身潜能的活动。

4.4 转介工作

4.4.1 明确自身机构及转介机构的情况，了解彼此在功能和角色方面的不同。

4.4.2 转介前与儿童及其监护人澄清转介的原因和作用，社工务必适当告知儿童及其家长过程，回答他们的提问，让他们感到安心。

4.4.3 在尊重原则的前提下向转介机构如实反映儿童伤残情况，信息分享的程度必须与伤残儿童及其家长讨论，达成共识。

4.4.4 在特殊情况下，伤残儿童及其监护人对有些相关信息还未完全掌握（如有些家长还不知道孩子什么时候会做手术），必须与转介机构进行沟通，达成一致意见，避免给伤残儿童及其监护人带来无谓的烦恼。

4.4.5 及时撰写转介报告，与接收伤残儿童的机构联系人保持积极沟通，以便了解案主的情况，并与其监护人进行沟通，安抚学生及其监护人的不安情绪。

5. 结束

5.1 伤残儿童的结案有以下三种情况。

5.1.1 伤残儿童升学或转到其他学校，如案主所升入、转入的学校有社会工作机构开展服务，可以撰写转介报告交予对方机构，以更好地为儿童服务。

5.1.2 如果实现预定的工作目标，经过与儿童及其监护人的商讨，可以结案。

5.1.3 伤残儿童或其监护人向社工表达他们有能力处理问题，则可以结案。

6. 专业反思

6.1 社工开展伤残儿童个案服务的过程，既要强调专业工作与跟进，又要超越专业的束缚，学习去专业化，融入案主家庭及与之相关环境的文化中，与案主建立良好的专业关系。

6.2 社工需要相信儿童有能力解决面临的问题，激发儿童及其监护人的潜能。面对身体残障的服务对象，跟进服务领域的社工往往在潜意识里面有一种保护意识，这样的意识会让社工往往规避各种可能导致他情绪波动的因素，不敢直面问题。这会使社工错过帮助案主及时解决问题的契机。所以，当社工与案主建立良好的专业关系后，要避免产生过分保护心理，帮助儿童学习面对复杂的社会环境，并积极解决遇到的问题。

6.3 社工根据儿童的需要开展服务，服务目标要清晰明确，并设定服务时间。这样有利于效果评估，并做及时调整。

6.4 社工必须和儿童的照顾者保持紧密的联系、沟通，以进一步发挥家庭对儿童的支持作用。

行动表 3 伤残儿童家长服务

1. 理念

家长是伤残儿童最重要的经济及精神支柱，他们同样也会面临压力和挑战，这使得家长的焦虑值普遍较高（李丹、刘明翔等，2013），他们既要面对残疾孩子依赖心理的加强，又要促进其成长、独立（许岩，2013）。他们可能对孩子受伤有内疚感，他们可能要面对他人的异样眼光，他们可能会对孩子的未来发展感到迷茫和有压力等。陈会全、王海燕（2013）总结了康复家长面对的压力，包括五方面：①爱子心切、包干照顾；②没有经验、缺乏技巧；③子女受伤、情绪不稳；④经济困难、忙于生计；⑤缺乏支持、融合困难。子女的残疾使得家长的生活质量受到严重影响（邱丽，2011）。而如果家长的情绪和压力得不到疏导，势必会影响儿童的生活、学习和康复，同时对于整个家庭的和谐也会造成不利的影响（陈会全、王海燕，2013）。从事自助组织研究的著名学者 Katz（1993）提出，自助组织（self-help group）是为了满足共同需要，克服共同面对的困难和问题，寻求个人和社会改变的一群人自发形成的组织。Lieberman 和 Borman（1979）在这一定义的基础上，将自助组织定义为同等处境的人在一起，通过互助满足共同的需要，克服共同障碍或生活困扰问题，并带来自身的改变，从而形成一个互助支持的援助网络（何欣、王晓慧，2013）。基于家长和家庭的需要，我们在关注伤残儿童需要的同时，也为他们的家长提供服务，如针对家长进行亲子教育（许岩，2013）及其他适合家长的服务。

2. 目标

2.1 帮助家长放松减压。

2.2 帮助家长间互助支持。

3. 主要行动

3.1 需求评估

伤残儿童家长普遍表达出他们的身心遭受着极大压力和困扰。除了外来机构的支援，我们相信家长也可以通过彼此经验分享和相互支持获得必要的帮助。相同的经历是互相理解的重要基础，也是构建支持网络的重要基础。

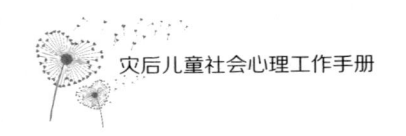

3.2 前期准备工作、人员招募和服务协调

3.2.1 了解家长之间的关系。

3.2.2 动员家长参与支持网络建设，并向家长澄清建立支持网络的意义和功能。

3.2.3 与家长一起探讨家长自身的潜能和如何帮助伤残儿童获得社会的尊重。

3.2.4 通过电话、面谈、网络等途径主动向家长了解近期的情况及变化，及时开展适当的服务。如家长面临孩子择校问题，由于信息不足无从选择时，社工针对择校问题就可以开展家长服务。

3.2.5 对有个别需要的家长进行跟进辅导，并在征得同意后邀请关系较密切的家长参加辅导。

3.2.6 社工和家长一起开展出游活动，促进家长建立紧密关系。

3.2.7 子女伤残情况不一致的家庭，其关心的重点也不同。社工要留意不同家长的不同需要，有重点地开展相应的服务。

3.2.8 社工与家长的关系逐渐密切，邀请方式可以从较正式（如发函邀请）转变成非正式的邀请（如电话邀请）等。

3.2.9 在组织家长活动的过程中留意有领导才能和亲和力的家长，赋权他们并动员他们协助社工组织活动，如联络其他家长参加活动、与家长一起商量活动内容等。

4. 实施留意事项

4.1 因子女受伤程度不同，家长的心理、社会支持需要也不同，在设计活动时必须考虑儿童的身体情况，以便更好地开展家长服务，如某次活动主要关注截肢儿童家长的需要，而轻度受伤并基本复原的儿童家长可以不受邀参加本次活动。

4.2 不要强求家长分享他们不愿意触及的话题。

4.3 邀请家长参加活动，务必以尊重家长的意愿为前提。

4.4 积极促进与适当支持家长间的互动与联系。

4.5 活动开展时间要考虑家长的便利。

4.6 留意不同家长的状态和需要，如哪些家长是比较不合群的、比较热情的、比较沉默的，社工在组织活动时需要进行适当的调整和应对。

4.7 服务过程中要留意家长之间、家长和社工之间的互动，如留意当社工请某些家长协助时其他家长的反应。

5. 专业反思

5.1 家长之间可以支持和互助。社工应该努力尝试在这个过程中帮助家长建立支持和互助关系。

5.2 社工在发展家长组织时，需要找到适当的领袖人选。寻找适当人选关键在于让家长明白互助的意义，并愿意为之投入和付出。

伤残儿童家长工作的详细内容可参见陈会全、王海燕（2013）"携手共进"家长减压放松联谊会一章。该部分出自《脚步：5·12以后康复社会工作的实践》（黄山书社，2013年出版）。

行动表4 伤残儿童家庭服务

1. 理念

李宜冰（2013）提到围绕儿童的第一系统即微系统就是家庭，儿童生存和发展的基本环境是家庭，父母为儿童的生存和成长提供了重要的条件。从儿童出生之日起，家庭就为其提供了一个以亲子关系为核心的组织严密的关系。但是残疾人家庭得到的社会支持却相对较少（佟新，2007）。可以建立和完善残疾人家庭扶助制度，分别从医疗康

复救助制度、残疾人家庭生活护理津贴制度、专业培训和心理辅导三方面为残疾人家庭提供支持和帮助（解韬，2013）。针对伤残者及其家庭应建立救助政策的保障性援助机制（朱平、董青等，2008；何红晨、刘战立等，2009；何苗、戴倩倩等，2009；李宜冰，2013），针对地震伤残者应提供亲子关系协调服务（朱平、董青等，2008）。同时，每个家庭应对危机和灾难都有各自的特点和方法，伤残儿童家庭也不例外。社工可以通过家庭力量来帮助伤残儿童及其家长，并将不同家庭凝聚在一起，建立支持网络，让各个家庭获得更多的支持和慰藉。

2. 目标

2.1 增进伤残儿童家庭间的情感联系和沟通。

2.2 为伤残儿童家庭彼此支持搭建平台。

3. 主要行动

3.1 需求评估

通过家访、面谈、电话等方式向家长、家庭成员及伤残儿童了解亲子关系情况。例如亲子关系紧张，务必评估紧张原因为何，紧张关系持续时间，父母与孩子尝试过用什么方法解决及效果如何，亲子是否愿意参加针对紧张情况进行的活动等。

3.2 前期准备工作、招募和服务协调

3.2.1 在开展家庭活动时，必须根据学生的伤残情况设计活动。

3.2.2 活动过程中社工需要留心观察，特别要留意亲子关系不佳的个别家庭，帮助其改善亲子关系。

3.2.3 邀请家庭参加活动时，至少要提前两个星期发出邀请，以方便家长安排和协调时间。邀请的形式可多元化，服务初期可以采用较正式的邀请函形式；彼此建立良好专业关系后可用电话邀请，或是请一个家长协助邀请其他家庭。

3.2.4 为了让家长及儿童更多地参与家庭活动的策划，务必提前一个月与有意愿参加的家长及儿童及时沟通联系，开展相关策划工作。

3.2.5 针对不同活动，设计也要有所不同，详情可参看附录四《"团团拜——家庭春聚会"计划书》。

4. 实施留意事项

4.1 所设计的每一个活动都要设计后备方案，以防活动无法按照预先设想开展时有应对措施。

4.2 活动分组要以促进家庭间的交流和互动为主要考量。需要留心家长关系疏离或紧密的情况。如果让家长自行组队，可能会出现有的家长队伍热情互动，而有的较疏离、沉默。

4.3 家庭活动应以儿童为主，因为儿童的参与是家长参与的动力来源。

4.4 在进行家庭活动的过程中，要尽量鼓励儿童参与，但是必须尊重儿童的最终决定，不需要过多地劝说，以免家长感到自己的孩子不听话，从而批评儿童，导致亲子关系紧张。

4.5 设计活动不要过分担心伤残儿童无法顺利完成互动游戏，使他们产生被低估的负面感觉。

4.6 活动中社工不要因为过分担心家长间可能有不同意见而大包大揽，如在安排住宿时，可以让各个家庭自行商量决定。

4.7 开展家庭活动时，由于孩子的表现不同，会引起不同家庭的比较，如行动不便的儿童与行动没有太大障碍的儿童在一起活动时，行动不便的儿童家长往往会感到难过，务必小心策划该类活动。

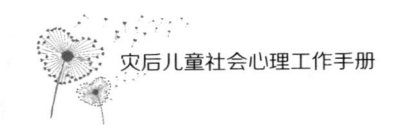

5. 反思

5.1　家庭活动是为伤残儿童提供服务时必须开展的，因为家长们虽然很关心自己的孩子，但是他们平时工作忙碌，与孩子相处交流的时间往往有限，所以他们对能够有机会与孩子一起出游很开心。

5.2　家庭活动可以让平时亲子关系紧张的家庭有更多的积极互动的机会。家庭服务可以为有相似经历的家庭提供一个彼此倾诉、支持的平台。

5.3　利用特别节日来增进家庭成员之间及家庭之间的关系尤其重要和有特色。

行动表5　艺术组服务

1. 理念

震后，学生会因外貌变化、行动不便及其他方面的残疾，而害怕出门、与人交流甚至对自己失去信心。卓大宏（2008）指出地震中的康复救援或康复医疗的主要任务是"助残展能，康复身心"。"展能"即使伤残者展现其能力，应对日常生活、工作学习和社会生活。因为残疾人同样有自己的特点和能力，同样可以发挥自己的特长。如香港康复计划通过多元的形式，积极推动残疾人参与体育、艺术和社交康乐活动（风栓，2006）。朱平、董青等（2008）提出可以组织地震伤残者参加共同活动，如适当的文化、体育及其他活动，以展示他们的能力。他们需要学会接纳自己身体上的残疾，重新树立自信心。艺术治疗法，指运用绘画、雕塑、摄影、音乐、舞蹈及戏剧等艺术活动，辅导心理障碍的方法。对于伤残儿童来说重新认识自我和接纳自我不仅是一种身体上的接纳，而且是一种心理上的接纳。同时，艺术训练和舞台表演可以帮助伤残儿童更好地认识自己、接纳自己并恢复和提升自信心，进而进行社区教育，让更多的人接纳这些特别的群体，彼此包容，共存于社会。建立小组，营造接纳和包容的社区氛围可以减少残疾儿童在生活中的外在障碍，达到增权的目的。增权不是社工"赋予"残疾儿童权力，而是"挖掘或激发"残疾儿童的潜能，让他们学习、提升解决问题和自主判断的能力（关方，2013）。

2. 目标

2.1 提升伤残儿童的个人能力感和自信心。
2.2 促进伤残儿童的人际交往。
2.3 通过伤残儿童的舞台表演开展社区教育。

3. 主要行动

3.1 需求评估

3.1.1 社工了解伤残儿童对于艺术的看法、兴趣及参与意愿。
3.1.2 社工通过与家长沟通了解他们对孩子参与艺术组活动的看法、意愿和担心。
3.1.3 社工向康复治疗师了解伤残儿童的身体功能情况，以及艺术训练对伤残儿童身体康复的作用和意义。

3.2 寻找艺术指导和招募组员

3.2.1 物色到合适的艺术指导老师后，与之不断进行沟通，重点指出伤残儿童的需要、潜能和限制。艺术指导老师和社工必须达成一致的理念，确保对伤残儿童成长有帮助。

3.3 积极宣传招募

3.3.1 对伤残儿童的招募宣传，需要积极主动，鼓励他们参与，

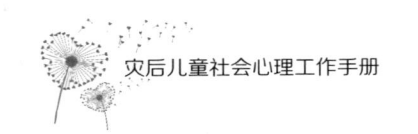

如可以与个别学生进行沟通也可以寻求朋辈帮助进行招募。

3.3.2　艺术组也要面向普通学生进行招募及筛选。

3.4　重视平日的训练

3.4.1　组员放寒暑假期间开展为期一周以上的集训，可以有效达到训练效果，同时也能够增进艺术指导与组员的关系。

3.4.2　组员在校上课期间，必须确保在不影响学业的前提下进行艺术训练，要有效利用周末开展训练。

3.4.3　制定团队规章，并认真按照团队规章进行奖惩。

3.4.4　每一次训练都要安排总结和分享环节，让组员、老师和社工提出建议和表达情绪。

3.4.5　艺术训练只是一种形式，针对团队发展的不同阶段，留出部分时间开展互动活动，一方面可以增进组员间的认识和了解，另一方面可以增强团队凝聚力。

3.4.6　训练过程中，可以通过开展一些社交活动，增进老师、社工及组员的关系。

3.4.7　应尽量选择适合伤残儿童的艺术动作，以防伤残儿童受伤。

3.5　寻找和创造舞台表演的平台

3.5.1　社工在艺术组筹划初期就需要思考和筹备舞台表演的细节。

3.5.2　舞台可设在组员所处的环境中（如学校、社区）。可以利用从小到大的原则逐渐使伤残儿童树立自信心，通过观众的回馈让他们对自己更加肯定与认同。

3.5.3　做好外出表演的后勤保障及协调工作，特别是针对身体有特殊需要的组员，如有些组员需要用康复辅具，如轮椅、拐杖、医疗用品等，务必准备妥当。

3.5.4　尽量创造机会让伤残儿童与指导老师同台表演，帮助其缓解紧张情绪。

3.6　与不同机构沟通及协作

3.6.1　组员有了一定的舞台经验后，会逐渐建立自我认同及自信，可以与其他机构协作，特别是与那些康复相关机构协作，以发挥社区教育的作用。组员也能看到自己的付出和努力对社会是有贡献的，从而更能接纳自己、相信自己。

3.6.2　选择合作机构的时候，要提前进行沟通，选择理念一致的机构并保持积极、密切的联系。

4．实施留意事项

4.1　需求评估阶段

4.1.1　要特别鼓励伤残儿童及其家长表达对参加舞台表演的顾虑，帮助他们放下负担。

4.1.2　选择接受社会工作理念（如尊重、包容等）的指导老师。这样伤残儿童才能获得更多的理解，并达到项目目的。

4.1.3　要考虑专业合作有可能终止的情况，如艺术指导老师决定不继续的时候，必须做到提前计划、安排，联系其他合适的指导老师。

4.2　宣传招募阶段

4.2.1　招募时，对伤残儿童及其家长要做到知情同意（Informed Consent）。务必让学生和家长明白艺术组成立的原因、目的，具体会有哪些操作细节，并指出可能会出现的尴尬情况及应对的办法等，并让家长和学生知道他们有权利在任何时候自动退出。

4.2.2 在招募伤残儿童的同时，不能忽略普通学生加入的意义。可以优先考虑那些有艺术爱好，但因家庭困难没有机会参与艺术培训的非伤残儿童。但有必要向他们及其家长澄清艺术组的成员组成及共容理念和目的。

4.2.3 与艺术指导老师进行多次沟通，澄清招募的理念，以便指导老师了解和认同社工站的做法和达成一致的理念，详见附录五《"让生命舞动起来"艺术组（1阶段）计划书》。

4.3 训练阶段

4.3.1 训练开始前要促使伤残儿童和普通儿童之间相互认识和了解，营造团队氛围，培养默契度。

4.3.2 在培养默契度方面需要兼顾社工、康复治疗师、艺术指导老师、伤残儿童组员及普通儿童组员的沟通及协作。

4.3.3 训练时间以方便组员为原则，即以不影响学生的正常学习和生活为前提，利用合适的时间开展有效训练。这需要与指导老师、家长进行沟通，务必让指导老师配合儿童的时间开展训练、制订计划。

4.3.4 社工合理运用组员的训练时间，分阶段开展团队建设活动，如开始时协助团队成员间的磨合，接下来开展增进团队协作意识的活动等。

4.3.5 儿童、指导老师、社工一起商量制订团队规章，并严格遵守，建立规范，详见附录六《"让生命舞动起来"艺术组日常规范》。

4.3.6 训练过程要严格，让组员意识到训练的重要性，不能让组员把训练当成一件很随意的事情。

4.3.7 建立沟通机制，对当日训练进行总结与分享，及时了解组员的状态和看法。

4.3.8 社工应出席训练过程，仔细观察、分析情况并做及时跟进，做好应对突发情况的准备。

4.3.9 社工要定期与指导老师、康复治疗师开会，以共同应对训练阶段中的各种情况，让训练更加有效果。

4.4 表演阶段

4.4.1 舞台表演是检验组员训练成果的重要阶段，在初期要注意舞台及观众的选择。可以考虑从组员熟悉的环境开始，如先选择学校为表演的平台以减少组员的胆怯感（但是在老师、同学面前表演也不是一件容易的事）。

4.4.2 应提前做好舞台表演的动员和鼓励，让组员有心理准备，在训练阶段也能够严格要求自己，将自己和团队最好的一面展现在舞台上。

4.4.3 在对外演出时，必须慎重选择合作方，并做好沟通以保证合作有序开展。另外，也要做好后勤工作，特别是要留意有特殊需要的组员。

4.4.4 演出结束后，要与组员及时总结，肯定大家所付出的努力，聆听组员的分享。需要留意表演的积极反馈可能会导致某些组员自信心过度膨胀，而导致训练怠慢，对于这样的组员，必须及时发现、及时处理，防止不良情况的出现。

4.4.5 表演时既要善用组员的经历，又要聆听他们如何理解自己的经历，而且务必让组员明白分享这些经历的教育意义。

4.5 结束

4.5.1 艺术组在达到目的后，即实现组员自我接纳、自信心提升之后就可以考虑结束。这一过程可以采用问卷、面谈、焦点小组等形式，与组员及其家人沟通，评估目标的达成情况。

4.5.2 组员的需要会发生阶段性变化，当艺术组无法满足需要时，

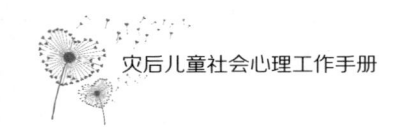

可以考虑结束活动,并有一个正式的结束仪式。

5. 专业反思

5.1 专业间合作需要彼此尊重和信任。在这个过程中每一个专业需要开展沟通及合作,以对孩子有益为前提,尊重不同专业的要求,坦诚协作,共同进退。

5.2 通过艺术表演进行社区教育时,首先需要让艺术组的成员了解社区表演的目的及意义,才会在训练中做好,在表演中做得更好,收获一种正向的舞台信心,并做好社区教育。

行动表 6　伤残儿童义工服务

1. 理念

心理学家阿德勒(1997)指出,由于身体缺陷或其他原因引起的自卑,不仅能摧毁一个人使其自甘堕落或发生精神疾病,也能使人奋发图强力求振作,以弥补自己的不足,所以一部分残疾人会开始他们的"超越行为",表现为对自己身体缺陷的"反抗"。同时,残疾人也有人的尊严和权利,有参与社会生活的愿望和能力,是社会财富的创造者(江泽民,1997)。残疾人作为特殊的社会群体,人力资源储备丰富并蕴含着巨大的潜能(唐乐,2008),因此,也可以让伤残儿童参加义工服务。义工精神恰恰体现了公民相互支持和关爱,义工自身也能获得快乐,锻炼能力,培养良好的素质和社会意识(童慧娟,2013;何绚,2013)。社工站尝试帮助伤残儿童提供义工服务,伤残儿童在提供义工服务时可以得到认可,也可以在助人的过程中获得满足与快乐。2012年端午节前,伤残儿童在自己所在班级发起的敬老关爱行动,得到同学们的积极回应。第一次敬老院关爱行动不但得到敬老院院长的夸赞，更让敬老院的老人们笑逐颜开。这次经历让发起活动的伤残儿童感到自己地震受伤以来第一次有机会回馈社会。同学们对敬老关爱行动的积极响应，亦给了他们很大的鼓励和勇气，让他们萌发用义工服务的方式回报、感恩社会的想法，成立以学生为主的"绵竹市相亲相爱义工队"。

伤残儿童由接受帮助到帮助他人，是地震受伤后的突破性成长，同时，能与志同道合的同龄人共同服务社会，更能彰显社会包容意义。为了进一步支持和促进伤残儿童发起义工服务，社工也积极参与伤残儿童发起的义工服务。

2．目标

2.1 完善义工团队结构。

2.2 培养义工领袖的能力。

2.3 提升义工队伍的凝聚力。

3．主要行动

3.1 需求评估

3.1.1 社工访谈义工队骨干成员。了解义工团队的目标、发展阶段，组员个人及团体情况，拟定具体行动方向等。

3.1.2 访问伤残儿童家长，了解家长对义工团队及其目标、活动等的看法以及顾虑。

3.1.3 了解运作经费、资源的来源。

3.2 前期准备工作、招募和服务协调

3.2.1 团队的宣传及招募。可以通过身边的同龄朋友宣传，包括健全学生以及伤残儿童。特别是通过活动，向其他伤残儿童进行宣传及

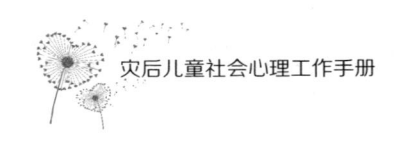

解释，争取更多的伤残儿童加入。

3.2.2 团队骨干商量服务发展及操作方向与细节，如服务开展时间、合作机构的联系等。

3.2.3 利用网络进行宣传招募。

3.2.4 保证团队成员的家长知情同意。

3.2.5 确保团队中每位成员清楚并了解团队目标及运作要求。

3.3 支持团队的服务开展

3.3.1 和团员一起搭建团队的组织架构，明确分工。

3.3.2 培训团员准备与服务相关的内容。

3.3.3 组织团队内部会议，让组员认识如何组织会议，如了解会议目的、流程、开会注意事项等。

3.3.4 开展团队建设活动，增强团队凝聚力。

3.3.5 培训团队骨干与其他机构的联系及协作。

3.3.6 对骨干成员进行培训，鼓励其提供创意性和多元化的服务。

3.3.7 和团队骨干探索团队不同发展阶段可能出现的变化，如团队内部成员结构的调整，让团队实现接力型的发展。

3.3.8 处理团队成员内部矛盾。

4. 实施留意事项

4.1 队长是团队的关键人物，骨干一般会依赖他做决定。但有必要避免过度依赖队长的状况发生。团队成员必须有明确的职责分工以及知晓在团队中如何合作。

4.2 给予团队活动经费支持时，要强调每一笔经费支出必须做好支出登记，留有凭据，方便审核。

4.3 队长及骨干都是学生，鼓励团队成员利用业余时间开展志愿服务。不支持学生不上课外出开展志愿服务。

4.4 扩大服务机构范围以及促进服务形式的多样化。社工可陪团队成员寻找和接洽不同的机构，提前进行模拟练习，收集其他团体开展服务的活动资料，激发他们思考。

4.5 制订团队发展规划，但不能给予队员过大的压力，应尽量让他们自主规划，必要时才给予提醒，如提醒队员参与活动的时候说明活动的目的，增强队员参与的积极性。

4.6 所有活动都应建立在安全的基础上，一切可能存在安全隐患的服务都不应开展，特别注意集体外出活动的安全考量。

4.7 筹备活动必须澄清服务目标，并留有足够的时间，以确保服务质量。服务结束后，应及时进行活动总结，了解队员的感受，发现问题并及时处理，为以后的服务积累宝贵经验。可鼓励队员撰写日记或是服务记录并作为过程报告进行存档。

4.8 做好宣传工作，可制作团队宣传材料，包括团队简介、简报及视频，甚至可邀请媒体进行采访报道。

4.9 团队发展初期就需要和骨干商量团队未来变化，做好应对的心理准备。如义工团队可能会随着成员毕业出现人员流失的情况，因此应让队员有心理准备，以免在结束的时候感到突然。

5. 伦理考量

义工服务有很大的社会影响力，在短期内可以获得很多的社会认可，不让伤残儿童受到不良影响和诱惑是重要的。另外，也不鼓励义工队员接受老人或机构的物质回馈，防止义工服务的变质。

6. 专业反思

6.1 义工服务在地震后蓬勃发展，社会对志愿者的评价较好。学生群体能够利用自己的课余时间投入志愿服务是值得肯定的，但是必须获得家长的认可和支持。

6.2　随着义工服务的不断推进，骨干们开始展望未来想获得赞助与投资以便保证服务延续。通过缴纳会费或是争取企业赞助的想法是可以理解的。社工需要让他们明白可能存在的问题，要严格限制经费来源，但也不能因会费问题让队员感到压力而无法继续提供服务。最为宝贵的就是他们愿意奉献、付出的心，不能因为"诱惑"忘却义工团队的成立目的。

6.3　义工精神是一种积极向上的精神，义工服务值得每一个人去实践。然而，作为学生请假去做义工是不被鼓励的。社工在引导和支持的过程中要让提供服务的学生明白义工的意义和其可贵之处，让学生从根本上理解义工服务，认识学习与义工服务之间是可以相辅相成的。

参考文献

1. 陈会全、欧羡雪主编《脚步：5·12以后康复社会工作的实践》，黄山书社，2013。

2. 李楚翘：《社区康复——康复服务之新里程》，载蔡远宁、杨德华《香港弱智成人服务：回顾与展望》，香港：中华书局，1997。

3. 厉梓焜、厉中远：《个案工作介入残疾人救助问题初探》，《剑南文学：经典阅读》2011年第12期。

4. 隋玉杰：《谈增强专业实践能力的外围因素》，《社会工作》2007年第4期。

5. 李丹、刘明翔等：《残疾孩子家长状态焦虑与生存质量状况》，《中国健康心理学杂志》2013年第2期。

6. 关方：《艺术组计划及检讨：报告"让生命舞动起来"艺术组（第三阶段）》，载陈会全、欧羡雪《脚步：5·12以后康复社会工作的实践》，黄山书社，2013。

7. 邱丽：《残疾儿童家长生存质量及其影响因素的研究》，山东大学硕士学位论文，2011。

8. 许岩：《论残疾青少年父母的压力情况及亲职教育的实施》，《齐鲁师范学院学报》2013年第8期。

9. 陈会全、王海燕：《"携手共进"家长减压放松联谊会》，载陈会全、欧羡雪《脚步：5·12以后康复社会工作的实践》，黄山书社，2013。

10. 佟新：《给残疾人家庭更多的社会支持》，《中国听力语言康复科学杂志》2007年第10期。

11. 解韬：《建立和完善残疾人家庭扶助制度初探》，《经济研究导刊》2013年第33期。

12. 江泽民：《发扬民族精神和良好社会风尚，积极推进残疾人事业》，《中国残疾人》1997年第6期。

13. 唐乐：《残疾人的价值实现及路径探析》，《经济与社会发展》2008年第7期。

14. 童慧娟：《建立校园义工服务文化 促进大学生塑造健全人格》，《时代教育》2013年第7期。

15. 何绚：《关于学生义工活动的思考》，《科教文汇》2013年第9期。

16. 朱平、董青等：《地震后伤残人员社会康复工作》，《中国康复理论与实践》2008年第7期。

17. 何红晨、刘战立等：《地震伤员的社区康复》，《华西医学》2009年第3期。

18. 卓大宏：《地震救援及灾区重建中康复医学的应对策略》，《科技导报》2008年第11期。

19. Katz, A. H., 1993. *Self-help in America*: *A Social Movement Perspective*. New York: Twayne.

20. Lieberman, M. A., Leonard D. Borman, 1979. Associates. Self-help Groups for Coping with Crisis. Jossey-Bass Publishers.

21. 何欣、王晓慧：《关于自助组织的研究发展及主要视角》，《社会学评论》2013年第10期。

22. 李宜冰：《基于社会交流框架视角的"残疾人家庭"解读》，《湖北科技学

院学报》2013 年第 6 期。

23. 何苗、戴倩倩：《灾后重建工作中残疾人权益保障问题研究》，《长沙理工大学学报》（社会科学版）2009 年第 9 期。

24. 风栓：《香港康复计划积极推动残疾人参与体育、艺术和社交康乐活动》，《社会福利》2006 年第 1 期。

25. （奥）阿德勒：《超越自卑》，刘泗编译，经济日报出版社，1997。

附录一　康复筛查表

姓名：	性别：
年龄：	班级：

在地震中是否受伤：是□　否□

受伤类型：骨折、截肢、脑外伤、脊髓损伤、其他

现在是否存在问题：疼痛、活动不便、假肢不合适、其他

现在是否还在接受治疗：是□　否□　　种类：

如有其他情况请详细说明：

附录二 康复治疗家访登记表

个 人 情 况					
姓名		性别	男/女	民族	汉族/其他（请注明）
年龄		户籍			照片
所在班级					
伤残情况					
康复情况					
生活中怎样使用假肢适应生活					
拥有资源					
需求					
具体情况	学习方面（再次入学适应情况、学习的积极性、学习的困难、学习有无疲劳感）				
	情绪、情感（脾气、性格变化——羞怯、焦虑、易怒、嫉妒、冷漠、交往情感封闭）				
	行为方面（有无出现说谎、具有攻击性、退缩、多动症等情况）				
	自我意识、品质方面（自信心、自制力、抗逆力）				
	兴趣爱好				
	人际关系（与老师、同学、家长）				

续表

家庭情况				
住址				
家庭户口	农村 / 城镇	家庭总人口数		
家庭其他成员伤亡情况				
父母现在工作情况				
家中地震受损情况				
曾经接受哪些援助				
家庭成员情况	姓名	关系	年龄	职业／单位	联系电话

附录三　康复家庭需求评估访谈表

1　家庭访谈

工作员	访谈对象	访谈日期	儿童姓名
	爸爸/妈妈		

2　家庭图

（此题包括不住在同一地址的重要亲属、朋友）

2.1　以学生往上至少三代，即学生同辈、父母同辈、祖辈

2.2　必须说明学生其他重要关系（如干爸妈、同居者等）

2.3　务必询问以下情况：

2.3.1　结婚/离婚/再婚年份

2.3.2　去世年份/原因（包括"5·12"地震造成的死伤）

2.4　主要照顾者与其他照顾者的关系

用以下线条画出主要照顾者与其他照顾者的关系（如果在某两人之间有不止一种明显的关系，则可同时加上第二种关系线）。

细而实的直线	———————	代表一种普通的、接纳的、少冲突的及正向的关系
虚线	－ － － － － －	代表有距离的、负向的或冷淡的关系
粗而实的直线	━━━━━━━	代表紧密的关系或常常纠缠不清的关系

3 康复家庭需求评估表

评估大项	介入内容	信息收集提问方向
亲子关系	学业 交友 课余安排	1. 学习情况如何？ 2. 常和谁一起玩耍、学习；他/她与谁聊得最多？ 3. 回家的时候，会做些什么？
家庭资源	亲友支持 机构资源 家庭内部 支持网络	1. 您会不会去亲戚、朋友家串门？ 2. 现在还有哪些机构到家里看望？ 3. 家庭内部：家庭的自有资源根据家访中的观察，及当时情景可选择询问了解；家人精神面貌根据访谈过程中应对困境的信心、态度等评估。 4. 您和其他（康复家庭）家长的来往情况是怎样的？一般会交流些什么？
经济压力	收入状况 支出情况	1. 您在什么地方工作？做的什么工作？通过家庭环境观察了解经济状况（与自有资源存在相似点）。 2. 家里目前最大的花费（支出）是什么？
未来看法 （关于孩子）	身体 升学 职业	1. 某机构（帮助孩子的机构不单纯为一家）撤离后，您会怎样应对孩子身体的康复情况？ 2. 孩子长大，身体康复情况会有变化，您如何看日后长远康复？（以上两个问题，访谈同工根据当时的情况决定询问方式） 3. 您对于孩子的升学有怎样的期待？ 4. 孩子初中毕业后是想继续读高中还是学一门技术？
环境（间接）	社区行 邻里关系 社区设施	1. 社区行之后形成社区资源图。 2. 社区：在这附近住的都是您的老邻居吗？彼此间都比较熟悉吗？ 3. 农村：在这一片住的都是一个村的吗？ 4. 社区设施情况：根据社区行的情况了解无障碍设施在社区的设置情况。

建议社工在询问和了解学业、职业的时候，可将这两方面问题放到一起进行。

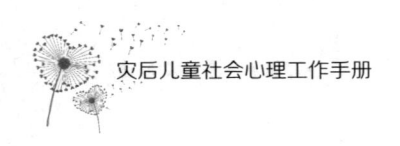

附录四 "团团拜——家庭春聚会"计划书

1 背景

社工站为伤残儿童及其家庭服务已经走过近两年的时间,其间一直致力于建立伤残儿童家庭间的支持网络。春节等传统节日为加强和巩固家庭支持网络提供了重要的契机。为此,2011年春节,社工站再次联系伤残儿童家庭开展新春团拜活动。

2 理念

依据社会支持理论,支持需求是人类的本能。在社会生活中人类难免会遇到自己无法抵挡的危机,需要来自他人的支持和帮助。社会支持网络不仅能够为社会弱势群体提供社会安全保障,而且也是社会弱势群体由"他助到自助"主动发展的社会资本。伤残儿童的家庭在大灾之后要面临很多困难,需要有他人的支持和帮助,群体的支持和帮助是最为长久的,因为任何机构或是组织都会离开,只有他们之间的支持和帮助才有可能长久地发挥作用。

3 目的及目标

目的:通过大家来拜年的轻松形式促进伤残儿童家庭内部及家庭间的交流以便更好地建立彼此间的支持网络。

目标:3.1 大家开心愉快过春节;

3.2 为伤残儿童、家长以及家庭搭建交流平台;

3.3 放松心情,增进情感互动。

4 相关资料

活动性质:娱乐性、支持性。

工作对象:伤残儿童家庭。

地点:绵竹年画村江家大院。

时间:10:00~15:30;

预计参加人数：40人；

招募方法：邀请卡。

5　工作时间表

时　　间	内　　容	负责人	备注
2010年暑假至11月7日	工作人员了解伤残儿童家庭参与活动的情况，感到存在新的需求		
2010年11月8日	工作会议确定开展此次家庭团拜活动		
2010年11月8日——退休会	计划书撰写		
2011年1月12日	工作会议确认活动的相关事宜		
2011年1月12～31日	计划书撰写		
2011年1月20～25日	邀请卡制作		
2011年1月26～28日	礼物（台历）制作		
2011年1月24日	活动事宜同工会		
2011年1月25～27日	横幅制作		
2011年1月26～27日	发放活动邀请卡		
2011年1月24～26日	现场活动物资准备		细节考虑
2011年2月11日	电话确认		
	评估表		
2011年2月12日	活动物资采购		分头负责
	活动事宜同工会		
2011年2月13日	活动进行		游戏、观察

6　活动内容及方式

时　　间	主　题	内　　容	物　资
9：00～10：20	布置	前往活动场地布置	投影、电脑、茶点
9：40～10：20	迎客	迎接参与家庭，同乘公交车前往活动地点	签到本
10：20～10：30	介绍	1. 活动流程介绍 2. 督导致欢迎词	
10：30～10：40	热身游戏	游戏"猜拳接龙"	

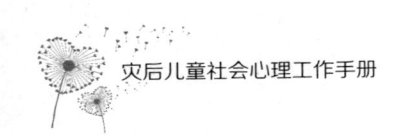

续表

时　间	主　题	内　容	物　资
10：40~11：00	游戏"喜相迎"	1. 每个家庭抽取一个号码，1和2为一组，依此类推 2. 两个家庭为一组，站在报纸上 3. 从第一组开始轮流说出新春祝福语，下面的组接着说，说不出来的则被撕去报纸 4. 当小组觉得没有办法站立在被撕得越来越小的报纸上的时候，只能退出"战场" 5. 工作人员向坚持到最后的家庭组送上家庭小礼物（坚持到最后的组获12分，其他的组按坚持的轮数依此类推）	报纸 纪念品
11：00~11：20	游戏"一笔一画福来到"	1. 使用1~5报数分组，每3个家庭为一组 2. 每两个组员合作，各自使用一只手的前臂夹住马克笔完成"福"字的书写 3. 每一队出发的组员只能写一笔，写好后由下一队组员继续完成 4. 完成"福"字后由下一队组员将写好的"福"字倒贴在指定位置后游戏结束	马克笔 红纸
11：20~12：00	水果拼盘 团拜仪式 合照	1. 两两家庭为单位制作水果拼盘 2. 将拼盘赠予其他家庭来拜年 3. 拍大团圆照	水果 水果刀（12把） 果盘
12：00~13：30	聚餐	同工就餐，促进家庭内部及家庭间的沟通、交流	
13：30~14：00	留言	1. 参与者以家庭为单位在留言本上写上对未来的期盼和祝福，以及对其他人的祝福 2. 填写评估问卷和留言本	问卷 留言本 笔

续表

时　间	主　题	内　　容	物　资
14：00~15：30	自由时间	自由交流、玩耍（安静的室内游戏、看电影、电视）	音响 电脑 扑克牌 音乐 电影 拜年礼物
14：00~15：30	赠送礼物	赠送礼物（用活动照片制作的台历）	
15：30~16：30	离开	1. 安排车辆接送 2. 工作人员处理物资、设备等事宜	

7　预计困难及解决方案

预计困难	解决方案
参与家庭少，影响活动安排	1. 参与家庭少时全体工作人员参与活跃气氛 2. 电话确认参加人数后调整聚餐桌数
不清楚路线，交通不便	1. 电话告知乘车路线 2. 安排公交车统一接送
大量的自由活动时间或许会让参与家庭感到无趣	1. 工作人员活动前梳理可以使用的游戏；带上可供玩耍的道具（棋类、体育器材等） 2. 尊重选择提前离开的家庭

8　评估方法

8.1　家访中的回馈

8.2　活动评估问卷

8.3　家庭留言

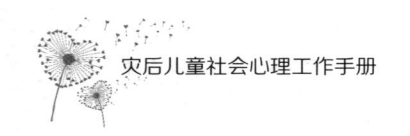

附录五 "让生命舞动起来"艺术组（1阶段）计划书

1 背景

随着"5·12"地震的逐渐远去，伤残儿童身体的创伤逐渐痊愈、心灵的伤痛也在慢慢被抚平，在他们坚强地走过最艰难的时期后，现在面临着破茧成蝶的青春期。此时，他们的自我认同和人际交往的需要不断凸显。

在这个时期，青少年的生理和心理均迅速成长，对自我形象开始有了朦胧的认识，也有了对美的渴望，却往往找不到途径肯定自己、表达自己。对于在地震中受伤的儿童，自我形象的建立更是一个很大的挑战，由于社会对美丽的定义颇为狭隘，常将自我形象与个人外表挂钩，使得伤残儿童容易出现自我形象低落、自信心下降等问题。

自信心的建立对日后的心理及潜能的发展有着深远的影响。于是，社工站邀请廖智和她的"鼓舞"艺术团来为伤残儿童做艺术培训，希望借此活动鼓励每位组员在艺术中认识并欣赏自己美丽的一面，让他们知道不同的性格、年龄以及体型、外貌，都是真正的美的体现，鼓励他们欣赏自己的美，进而建立自尊与自信，更多地认识自己的潜能。艺术是一份心灵的礼物，而蕴含在这份礼物中的精神能够帮助青少年摆脱成长中的挣扎，学习艺术不仅能使青少年增长技能、陶冶性情，还能提升他们对自己的认同，帮助伤残儿童了解自我价值，同时也学会尊重自己，进而有能力去爱别人。

对于伤残儿童来说，同伴关系也是很重要的，但与人建立良好的关系不是一件容易的事。课外集体活动可以为伤残儿童提供很好的同伴间互动的机会，在互动中培养处理人际关系的能力，从而建立归属感、认同感，培养团队协作意识，让伤残儿童更好地在群体中找到自己的位置、适应群体生活，通过互动关系使得生命日趋成熟。

社工站希望通过艺术的形式在伤残儿童自我增能与互助成长的基础上，在社区层面开展表演与服务，以生命影响生命，达到社区教育的目的。

因此，社工站决定成立艺术组，从自助、互助到助人，增强组员自信，培养他们的人际沟通能力，为其留下美好而珍贵的回忆。

2　目标

2.1　增强组员能力及自信心

2.2　提升组员人际交往能力

2.3　丰富假期生活

2.4　发展社区教育，影响和帮助更多人

3　服务对象

汉旺小学五、六年级学生及汉旺中学学生，共26人

4　时间安排

4.1　集训时间：2010年2月1~6日 9：30~12：00；13：30~16：00

4.2　日常排练：2010年2~4月每星期周六

4.3　预演：2010年4月

4.4　赴香港演出：2010年5月

5　招募方法

在汉旺小学五、六年级学生中统一招募；以家访形式邀请伤残儿童参加。

6　集训日程及活动安排表

日期	时间	活动内容	目标	备注
2月1日	9：00~9：10	填写评估表		
	9：10~9：15	认识老师和组员：介绍自己的昵称，后面一个组员重复前面所有同学的名字，重复不出来大家可以提示，最后全体喊一次名字	1. 在游戏中记住彼此的名字 2. 与老师和组员建立初步的友好关系	

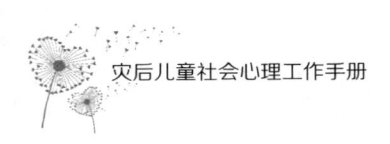

续表

日期	时间	活动内容	目标	备注
2月1日	9:15~9:20	守护天使秘密信： 每个人抽一张写着另一个组员名字的字条，成为这个人的"守护天使"，但不要告诉别人自己抽到的名字； 在6天的训练中悄悄地观察他/她的表现、看到他/她的努力、欣赏他/她的优点，每天在信纸上写一句话给他/她，并默默地给他/她帮助； 在集训结束当天，各位守护天使把信交给自己守护的组员，同时也接受自己的守护天使写给自己的信	1. 肯定他人的同时也被他人肯定，提升自我认同感。 2. 培养彼此欣赏、互相帮助的小组氛围，练习爱与被爱	信纸26张、笔26支
	9:20~9:30	制定艺术组规范、建立爱的契约： 手语"你真的很棒" 搭起手，一起复述爱的契约	1. 鼓励大家建立有秩序、有规范的小组。 2. 培养小组的群体意识、组内认同	大白纸马克笔
2月2日	9:00~9:10	回顾组内规范	强化规范，提醒大家相互监督、彼此帮助	
	13:15~13:30	智勇双"拳"： 每个组员手中拿3个衣夹，跟任意组员用3个身体动作进行猜拳，赢的人把1个衣夹夹到对方手上，直到手中不再有衣夹，游戏结束。头上衣夹最多的同学可以作为老师的小助手（帮助回收衣夹）	1. 活跃组内气氛。 2. 每个同学至少可以跟3个同学有接触，以减少陌生感，拉近组员距离	背景音乐
2月3日	13:15~13:30	01234手指操： 全体组员围站成一圈，听数字口令做出相应动作 0——双手放体侧 1——左手平举胸前，右手放在体侧 2——左手平举胸前，右手做数字1的手势 3——左手平举胸前，右手食指放在相邻组员左手手心上 4——左手尽快地抓住手心上的手指，右手尽量避免被抓住	1. 训练反应能力，集中分散的注意力。 2. 进一步建立亲密的组员关系	

续表

日期	时间	活动内容	目标	备注
2月4日	13:15~13:30	扑克魔方：一副打乱的扑克牌，让小组成员自己以最快的方式把4个花色按照数字大小排列起来。进行2~3次，组员自己设定目标，提高速度	1. 缓解训练的枯燥感 2. 在双向沟通关系建立的基础上培养多向沟通的能力，提升团队协作能力	
2月5日	13:15~13:30	拍集体照	加深组员感情，也作为集训的纪念	
2月6日	13:10~13:30	守护天使交换秘密信：作为神圣的"守护天使"，完成了6天的守护使命，找到自己守护的组员，并把信交给他/她，对他说"你真的很棒"	1. 感受关心与被关心 2. 看到自己成长的足迹，认识自己的优点，建立更强的自尊、自我认同感	

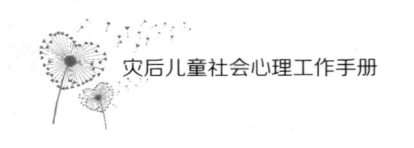

附录六 "让生命舞动起来"艺术组日常规范

作为一名优秀的艺术组成员，我可以做到：

◆ 按时参加训练，如果有特殊情况不能参加训练要请假；

◆ 在训练时间内，态度要端正、认真，不打闹，没有排练任务也要在旁边练习，不可擅自离开训练室；

◆ 午休时间不出校门，在校园内自由活动；

◆ 所有艺术组组员互助、友爱；

◆ 保持训练室卫生，本组值日的时候，午饭后、训练后打扫卫生。

注解：迟到或早退 2 次，等同于 1 次旷训；每个学期未经准假旷训满 3 次，自动退出艺术组；中午私自离开校园，视作旷训处理！

"星星评选" 制度

当日训练结束时，教练和社工将评出：

"友爱之星"——在训练中关心、帮助同学，在生活中照顾身边的同伴；

"勤劳之星"——注意保持训练室的环境卫生，打扫教室时积极出力；

"守纪之星"——严格遵守小组规范，并能提醒他人遵守纪律；

"上进之星"——训练认真刻苦，反复练习自己不擅长的部分并努力向他人求教；

"绩优之星"——训练中表现突出，动作到位，有明显进步。

表现最好的小组将被老师和社工评为"最闪亮小组"，获得一颗"小组星星"；每满 5 颗星的同学获得升级徽章一枚。

演出制度

每次演出的演员由舞蹈老师和社工参照日常表现进行安排，"星星评选"结果作为参考标准之一。

第4章
儿童活动室偶到服务

刘 洋 李 超[*]

概 述

运用游戏和体育的方式介入灾后儿童社会心理重建的社会工作实践,在中外灾后社会心理工作中很普遍。在阪神地震之后,日本政府的心理照顾机构和民间机构对儿童的照顾,都包括游戏活动的开展,以安抚儿童,让儿童在自然的游戏中获得心理安慰(刘斌志,2008)。在汶川5·12地震之后,也有相当多的机构提供与游戏相关的服务,比如上海S社工服务队,通过组织趣味运动会,建立青少年活动中心提供玩具等娱乐设施,重建青少年的关系(彭善民、沈全,2009)。上海师范大学社工服务队,建立"向日葵"青少年活动室,为青少年提供聚会和文娱活动场所,以再建和重构青少年需要的公共空间和生活(沈黎、陶慕蔡,2009)。位于都江堰的儿童友好家园在临时安置阶段,也提供游戏,以及卫生、保健、营养、心理辅导等服务用以恢复儿童的社会心理

---

[*] 刘洋,男,英国杜伦大学社会工作研究硕士毕业生,初级社工师,于2012年10月加入香港理工大学"5·12"灾后重建学校社会工作项目映秀小学社工站,现在仍在项目服务;李超,男,2010年毕业于成都信息工程学院社会工作专业,一直从事灾后青少年社会工作,中级社工师,现任香港理工大学四川灾害社会心理工作项目映秀社工站站长。

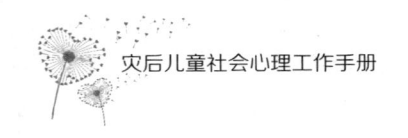

（邓拥军，2011）。

在艺术治疗的视角之下，社工可以应用个案工作和小组工作来帮助儿童社会心理的重建。具体而言，由于游戏在儿童生活中占有重要地位，个案工作者可以通过游戏治疗的方式，把相互认识的儿童集中在一起，恢复他们原有的同伴团体、学校和家庭环境，并通过各种游戏活动减少消极情绪，让儿童的心理得到较快的恢复（曹克雨，2009；秦安兰，2011）。小组工作者则可以利用游戏的方式吸引儿童，为儿童提供合作和交流的机会，组建同辈小组和发展性小组，为儿童震后的社会化提供同辈群体的精神和心理支持，建立灾区儿童间的伙伴关系，尽快使儿童感受到正常生活秩序的恢复（曹祖耀，2008；管雷，2008；曹克雨，2009；秦安兰，2011）。

虽然受灾严重的学校都重建完毕，学校搬入崭新的现代化校舍，正常的教学秩序得以恢复。但是，农村小学的教育现状，使社工站服务的学校也面临着专业教师不足（音体美老师），设备器具不全，以及由此带来的课余生活枯燥等问题，学生们对于活动室的服务依然有需要。另外，一些学生由于上学距离太远不得不选择寄宿学校。虽然寄宿学校给住校学生带来了一定的正面影响，如有助于学生的心理健康，提高学生的自立、自强能力等，但是也存在一系列无法回避的问题。其中，有两个问题学校社工可以介入。第一，由于寄宿制学校投入不足，相当多的学校专业人员配备不齐全（胡传双、於荣，2009）。生活老师缺乏，无专门的后勤管理人员（邓悦，2007），老师的工作压力陡然增大，老师必须承担部分家长职能（王艳东、王慧娟，2006；叶敬忠、孟祥丹，2010），导致寄宿制学校的老师筋疲力尽，严重影响了教师的积极性和教学质量。第二，教育观念和管理水平落后。因为教育观念——应试教育、不注重学生全方位的发展——比较落后（陈佳、曾富生等，2011），管理还处于看管的低层面（叶敬忠、潘璐，2008），学校管理机械化，课外管理极度不健全，除了学习生活和少数大型活动以外，学校不会专门组织丰富多彩的学生活动，造成了在校学生学习生活单调枯燥，增加了寄宿制学校学生的厌学情绪（王海英，2011；胡传双、於荣，2009；邓悦，2007；陈佳、曾富生等，2011）。

因此，在灾后安置过渡时期，四川灾害社会心理工作项目为所服务的学校，提供包含玩具、图书及体育用品借玩的活动室服务。在学校恢复正常教学秩序、学生恢复正常生活秩序后，社工站在前期工作基础上继续提供包含益智玩具、体育用品借玩，图书借阅，电影放映，发展小志愿者培训与小组活动等活动室服务。

本章是在项目5年多服务经验的基础上整理出的关于活动室服务的具体行动建议，请参阅行动表及附带的相关资料。

行动表1 灾后过渡安置阶段的活动室偶到服务

1. 理念

全人健康关注个人的智力、情感、社会性、物质性、艺术性、创造性与潜力的全面挖掘，培养人与人相互理解相互关心的素养，它强调人的生命是由"身（生理）、心（心理）、社（社会功能）和灵（人生观念）"构成的（熊梨花、周海平、孙小平等，2009）。社工站希望通过活动室的偶到服务，帮助学生实现"身、心、社"的全面发展。通过游戏的方式缓解学生在灾后的紧张情绪，为儿童提供同辈群体的心理支持和精神支持，从而形成积极的社会支持，并给学生提供一个安全和欢乐的游戏场所。

2. 目标

2.1 通过游戏舒缓他们在震后的紧张情绪。
2.2 丰富他们的在校生活，陪伴他们快乐学习和生活。
2.3 协助学校更好地管理学生。

3. 主要行动

3.1 需求评估

在小学过渡复课期间，每天下午4点至7点近三小时的时间学生自由安排活动。除完成作业、打扫卫生、吃晚饭的时间外，学生较多地处于无所事事、四处奔跑打闹的状态。另外，学生冲突也多发生在此期间。社工站在了解学生的状态、想法及对玩具的需求后，征得校方同意，向学生提供偶到服务。

3.2 前期的准备和招募

3.2.1 首先和校方进行讨论，问题包括：活动物品存放办法、社工与生活老师的工作配合、活动注意事项等。

3.2.2 社工通过问卷调查和访谈学生的方式，了解各年级同学对游戏内容的需求以及喜好各类游戏的人数分布，通过购买和与学校协商借用的方式，为各班准备适合的玩具。

3.2.3 在各个班级分别开展活动契约的制订工作，促使学生们内化各自制订的活动规则，以规范意识保证活动安全、有秩序地进行。形成偶到服务的注意事项，由班主任在每一个班级里进行强调。详见附录一："嬉戏时光"活动注意事项。

3.2.4 在四至六年级学生中挑选10名学生作为志愿者，初步组成志愿者团队，通过集会的训练方式，由社工明确需要志愿者集体承担的责任。

4. 服务形式

4.1 玩具箱的发放

由于学校没有可以用作专门活动场地的多余场室，社工站采用"玩具箱"的形式，每班配置一个玩具箱，并根据各年龄段学生的特点配备更具契合性的玩具。在每天下午的固定时间，志愿者将玩具箱带进各班教室，学生可以根据自己的兴趣，排队选择玩具，在登记之后领取玩具玩耍，在游戏时间结束后再有秩序地归还玩具，由志愿者将玩具箱送还社工站。

4.2 电影放映

因为场地不足，社工站采取一至六年级各班轮流播放的形式，在每一个班级的教室内，使用投影仪和幕布进行电影放映。社工可以根据各年龄段学生的特点，也可以根据学生自己的建议选择电影放映。

4.3 志愿者管理

志愿者管理流程包括宣传招募、面试筛选、培训、定期聚会及提供挑战机会：

4.3.1 宣传招募：与老师沟通后，在高年级教室张贴招募小海报。

4.3.2 面试筛选：招募结束后，通知所有报名同学参加志愿者面试。

4.3.3 培训：社工培训通过面试的小志愿者，内容包括职责说明，行动指引等。

4.3.4 定期聚会：在小志愿者服务过程中，社工安排每月一次聚会，小志愿者分享各自服务情况、感受，社工对个别情况进行跟进。

4.3.5 提供挑战机会：如在五子棋比赛中，让小志愿者更多地参与前期准备、宣传等过程中，并在比赛中担任裁判；社工培训小志愿者讲述绘本故事，之后引导他们不定期地给一、二年级学生讲故事。

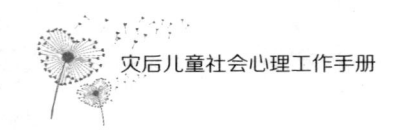

5. 实施留意事项

5.1 在进行问卷调查时，要考虑小学生的实际识字水平。在高年级（四至六年级）学生中，可以采用文字的形式填写；低年级学生在填写问卷的过程中，则需要社工进行辅导，并采用图画等形式表达出来。

5.2 规则制订的形式也要以学生的发展特点为依据：一至三年级以社工提供规范为主，四至六年级以引导同学思考为主，所有年级均须通过提问的方式细化各条规范的具体含义、做法。

5.3 为了保证小志愿者的积极性，社工需要组织小志愿者开展定期聚会，进行团队建设，增强团队凝聚力，传递志愿者精神。

5.4 相同玩具的长时间使用，会降低学生的兴趣，社工需要通过观察和获取小学生及小志愿者的反馈等方式，定期补充新玩具，或在不同班级交换玩具，以增强新鲜感。

5.5 为学生创造更多的交流合作机会。可多提供一些"团队性"玩具，即使是一些单人的玩具，也要鼓励和组织学生一起玩耍。

5.6 不断通过观察和随机访谈，得到反馈意见，对现有服务进行修正，增加或减少服务的项目。根据学生的兴趣和要求改变偶到服务的方式和内容，如增加看电影环节，多提供户外运动器材。

5.7 在服务过程中，尽量给学生赋权，除了必须由社工完成的工作外，其他的工作，比如玩具分发、五子棋比赛的裁判、户外游戏的游戏带领员等，尽量交给小志愿者，提高他们的能力和责任感。

6. 回馈

6.1 根据社工观察，活动室建立之后学生们的参与度很高，他们的课余生活得到了极大的丰富，以前在操场长时间排队等吃饭的场面、追逐打闹的现象越来越少，聚集在校门口买零食的学生也减少了很多。社工站为学生们配置的玩具大多是需要多人合作才能玩耍的，不少同学因为共同的喜好而在一起玩耍，大大增加了培养同学间友谊和交流的机会。

6.2 根据学校老师的反映，在偶到服务期间，老师们不需要长时间地在操场巡视，可以抽出更多的时间去办其他的事情。偶到服务在一定程度上减少了老师的压力，有些老师还可以和学生一起玩耍，增进师生之间的感情。

6.3 玩具在发放初期吸引了学生们，但是学生的好奇心会随着他们对玩具的了解加深而逐渐减少；一些班级的玩具借用率很低，因为班级文化较为不同，在课余时间，有些同学更愿意做作业，或者和自己最熟悉的好朋友聊天，对玩具的兴趣并不大；部分高年级的同学有种"这些都是小孩子的玩具"的心态，他们希望被视为大人，因此拒绝这些"幼稚的"玩具。

6.4 小志愿者们可以做到分工协作，并且可以从服务对象的角度考虑哪些玩具适合他们，哪些玩具不适合他们，在同学破坏玩具时也会教育同学爱护公共财产。但是，随着工作时间的增长，小志愿者们也逐渐有些倦怠，因为工作的重复和单调，使得他们出现既想认真负责又想多点玩耍时间的矛盾心理。

7. 专业反思

7.1 适时调整服务，保持新鲜感、吸引力。在"玩具箱"偶到服务开展的过程中，社工通过观察后发现，受玩具数量、难易程度、适合程度、玩具新鲜感等影响，部分学生逐渐对玩具箱失去兴趣，再次回归到四处追逐打闹或无所事事的状态。因为对服务可以加以调整。

7.1.1 根据学生不同的年龄段，定期添置补充新玩具，让玩具更具契合性、针对性。

7.1.2 社工培训志愿者玩新玩具（如智力纸牌等），再由志愿者教学生玩。

7.1.3 在常规的"玩具箱"服务之外，定期开展户外游戏。由社工带领学生开展各种团队体验类游戏，让学生在快乐游戏的同时积累一定的团队经验。

7.1.4 评估学生需求开展大型比赛类活动。社工在观察后发现，五子棋的借玩人数领先于其他众多玩具。社工跟进、访谈一些学生后即在全校范围内开展五子棋比赛，该比赛受到全校师生的欢迎。

7.2 丰富电影播放形式。播放电影前，社工会向学生提出一些问题，让他们带着疑问去看电影。影片结束后，社工利用4F（Fact, Feeling, Finding and Future）提问法，带领学生反思影片内容。通过这样的过程，可以训练学生的观察力、注意力和表达能力。

7.2.1 Fact——观察类问题：电影中你印象最深刻的是什么画面、人物、情节等。

7.2.2 Feeling——感受类问题：看电影中你最快乐、紧张、害怕是在什么时候。

7.2.3 Finding——发现类问题：电影和你的生活有什么不同？有什么类似经验？

7.2.4 Future——将来类问题：你决定如何把电影里主人翁的勇敢在生活中应用起来？

7.3 注意加强与老师的沟通。驻校社工站作为学校的辅助单位（secondary setting），通过与学校的沟通，了解校方的需要、对服务的看法及对社工的要求非常关键。如在筹备五子棋比赛前，社工预设了老师、校方反对组织学生参加这种形式的服务，无形中给自己增加了压力。在真正沟通后，社工发现校方很支持这样的服务形式，因为学生在课余时间可以有一些兴趣培养。很多老师还协助社工宣传，甚至有老师提出也可以为老师举办这样的比赛。

7.4 推动小志愿者的成长。"玩具箱"服务依托十几位小学生志愿者展开，社工不断完善志愿者管理，以保持志愿者的服务热情，同时通过培训、聚会、提供挑战等方式促进他们在服务中的自我成长。在服务中，社工留意小志愿者们的身份认同，为他们制作工作证，小志愿者们对于这样的方式很喜欢，也让他们对志愿者小组更有归属感。

行动表2　儿童恢复正常生活秩序后的活动室偶到服务

1. 理念

1.1 随着地震的远去，灾区重建渐渐完成。受灾严重的学校都重建完毕，搬入了现代化的崭新校舍，正常的教学秩序得以恢复。但是，农村小学的教育现状，使服务的学校仍面临着专业教师不足（音体美老师），设备器具不足，以及由此带来的课余生活枯燥的问题。另外，有些学校由于位于山区面临上学不便的教育现实，不得不实施寄宿制度。学生住进学校，他们跟自己家人的联系断开；住校期间，同辈间的交流、互动增加，但不文明行为、语言可能出现，如校园欺凌现象偶尔出现；学生在自我管理、独立生活方面的能力较为欠缺；住校生在校空余时间较多，缺少娱乐、玩耍场地及方式；40~70名住校生由一名住管员老师管理，老师精力不够使他们容易被忽视、受关注不足。同时，在农村小学中，应试教育的教育观念被普遍采用（刘克亚，2010），教学内容无可否认地偏向语文、数学等学科，导致教育内容的贫乏（任平，2007），学生的全面发展和素质教育往往流于口号，未能在教学和学校生活中深入下去。面对农村小学存在的问题，即专业人员配置不足和教育观念落后，胡传双、於荣（2009）建议开展丰富多彩的娱乐活动。学生们在以下几方面均有所需要：丰富

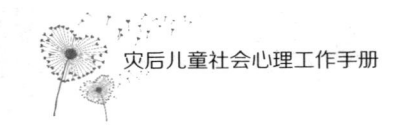

情绪情感、开发创意、发展潜能、建立朋辈关系、锻炼领导能力及培养责任意识、服务精神。作为新理念的践行者，资源的联络者，教师的合作者，陈佳、曾富生等（2011）认为学校社会工作者应该积极去解决，实现学生支持资源的连接功能和促进学生成长的发展功能（陆士桢，2008）。于是，为了回应这些需要，活动室作为项目的常规服务，在正常教学秩序恢复之后，继续保留。

1.2 多元智能理论是由著名教育心理学家加德纳提出的，关于人的智力定义的理论。他认为，人的智力应该是一个量度他的解题能力（ability to solve problems）的指标。根据这个定义，加德纳（Gardner Howard；1985，1999）在《心智的架构》（*Frames of Mind*）一书中提出，人类的智能至少可以分成九个范畴：

1.2.1 语言（Verbal/Linguistic）；

1.2.2 逻辑（Logical/Mathematical）；

1.2.3 空间（Visual/Spatial）；

1.2.4 肢体运作（Bodily/Kinesthetic）；

1.2.5 音乐（Musical/Rhythmic）；

1.2.6 人际（Inter-personal/Social）；

1.2.7 内省（Intra-personal/Introspective）；

1.2.8 自然探索（Naturalist）；

1.2.9 生存智慧（Existential Intelligence）。

活动室偶到服务就是在多元智能理论的指导下，通过活动室的玩具、书籍和电影等媒介，通过个人与小组的形式，丰富学生的课余生活，培养学生的语言、逻辑、空间、人际、音乐、肢体运作等多方面能力，帮助学生发现自己的潜力，使他们获得自信心和自尊心。

2. 目标

为学生提供娱乐活动，培养学生对规则的意识，促进学生多元智能

(情商、智商、创意力、抗逆力)的发展,培养学生的奉献、友爱、互助、进步的志愿者精神。

3. 主要行动

3.1 需求评估

活动室在学校进入正常教学之后,已经作为一个常规性的服务项目存在,社工可以通过观察的方式进行需求评估,进而提供适合学生使用的活动空间和器材。

3.2 活动室偶到服务的内容

3.2.1 玩具和体育器材的借用

3.2.1.1 活动室器材分类

类 别	具体玩具
棋牌类	跳棋、军棋、象棋、大富翁、UNO智力纸牌、蜘蛛纸牌、塔罗牌、猴子跳棋
体育类	羽毛球、乒乓球、双人吸球、扭扭乐(twist)、皮筋、皮球、毽子
合作类	桌上足球、快乐台球、欢乐过家家、装甲车、小小超市
益智类	五彩积木、智力积木、立体拼图、彩色插板、识字板、多米诺骨牌、接水管、小小城堡、音乐琴、迷宫、定力魔针、积木、叠叠高、俄罗斯方块、魔方……
其他类	变形金刚、漂亮娃娃、玩偶

3.2.1.2 玩具及体育器材借玩经验

经统计,团队合作类的游戏在学生当中非常流行,比如桌上足球、台球;数字游戏扑克牌,借用率很低。从年龄上来看,拼图、跳棋、积木等规则简单且玩法容易的玩具更容易引起低年级学生的兴趣,而体育器材如乒乓球、羽毛球和毽子则遭受冷遇。高年级的学生更倾向于益智

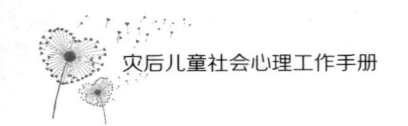

类和需要一定技巧的体育器材，比如象棋、五子棋、乒乓球和毽子等。总的来说，在玩具和体育器材中，玩法简单、易于学会、节奏较快、适合两人以上玩耍的游戏，更容易受到学生的欢迎。

3.2.2 图书的借阅

3.2.2.1 图书的分类

图书以多元智能理论为指导，可以分为以下四类：

目　　的	图书配备
培养 IQ（智力商数）	科技、知识类图书
培养 EQ（情绪商数）	文学类图书
培养 CQ（创意商数）	手工制作类图书
培养 AQ（逆境商数）	励志类图书

3.2.2.2 图书借阅热度排行

经过统计，培养 EQ 类型的图书在女生中（包括低年级和高年级）比较流行，培养 IQ 类型的图书在高年级男生中接受程度较高；低年级的学生（包括男女），比较热衷于借阅简单、培养 CQ 的书籍。可以根据学生人数的比例和构成采购图书，如男生较多，则可以多配备一些科技、知识类图书。

3.2.3 电影的放映

3.2.3.1 电影的分类

类　　型	具体影片
动画片	迪士尼动画电影，皮克斯动画电影，宫崎骏动画电影
魔幻电影	《哈利·波特》系列，《纳尼亚传奇》系列
纪录片	《环球地理杂志》《动物世界大百科》《十万个为什么》
古典文学名著	《三国演义》《中外名人成长故事》

3.2.3.2 低年级（1~2）的学生，由于识字有限，易于接受对白简单或是没有对白的外国动画片，如《猫和老鼠》，也更加喜欢国产动画片，如《魁拔》等。

3.2.3.3 在中高年级（3~6）的男生中，科幻电影以及战争题材的影片较受欢迎。

3.2.3.4 高年级的女生，则更喜欢具有爱情元素的电影和动画片。

3.2.3.5 对于皮克斯、宫崎骏、迪士尼等动画电影，中高年级的学生，不分性别，普遍接受和喜爱。

3.2.4 电影播放的流程

3.2.4.1 将全部的电影资源按主题分类；

3.2.4.2 电影主题与住校生本学期时间段匹配，每月一个主题；

3.2.4.3 在电影播放前，在公告栏公布本学期的电影主题；

3.2.4.4 在开始播放某一电影主题前，公布本主题下所有安排播放的电影名称、放映时间；

3.2.4.5 在每部电影准备播放前工作员先详看一遍，并留意其中一些重要的地方，播放之前，工作员预告学生们在观影时需要留意的电影信息；

3.2.4.6 电影播放结束后，运用生命教育"4F"提问方法［Fact（内容）、Feeling（感觉）、Finding（发现）、Future（未来的应用）］，带领学生去回顾总结影片。

3.3 活动室偶到服务的规则

3.3.1 规则的制订方式：从培养学生遵守规则的意识出发，由社工制订，督导审核，最终形成风格可爱的宣传品悬挂于活动室醒目处。

3.3.2 活动室进入须知：玩具、图书的借还方法，进入活动室之后学生需要遵守的纪律，明确活动室玩具的归属权（属于社工站而不是个人），告知活动室的开放时间。

3.3.3 玩具、体育器材借用规则：玩具必须由小志愿者或社工登记后才能借出。玩具、体育器材借用规则及借用登记表详见附录二：玩具、体育器材借用须知和玩具借单。

3.3.4 图书借阅规则：图书必须由小志愿者或社工登记后才能借出。图书借阅须知和借用登记表详见附录三：图书借阅须知和借阅单。

3.4 小志愿者小组参与管理

3.4.1 小志愿者小组宣传方式：通过海报招募、口头通知、邀请函的发放三种方式邀请学生报名参加。相关内容详见附录四《社工站活动室招募小管理员通告》。

3.4.2 选拔方式：在招募小志愿者时，一些有特殊需求的学生（如被其他同学欺凌），通常会被社工直接邀请加入志愿者小组。学校老师对于志愿者的人选也会提出自己的意见供社工站参考，在小志愿者实习两周之后，社工确定那些服务意识和服务意愿较强的学生，成为正式的志愿者。

3.4.3 活动内容：志愿者小组以多种多样的形式进行志愿精神和团队精神的培养。其中志愿者小组规则和服务内容的制订，服务技能的培养，管理经验的分享详见附录五《"步步高"小组——小志愿者培训小组介绍》。

3.4.4 总结激励：通过问卷、访谈的形式进行调查，总结小志愿者的服务经验、遇到的问题及解决问题的方式。总结可以通过多种方式来进行，比如通过情景模拟或抽签的方式，确定角色和突发事件，其他的小志愿者观察。在情景模拟中，社工也会参与进来，进行指导。在进行了情景模拟之后，社工会组织讨论，也会用问卷的方式来进行活动反馈。

3.4.5 管理职责：志愿者小组管理活动室秩序，玩具、体育器材和图书借阅登记，打扫活动室卫生，布置电影放映设备。

3.4.6 小志愿者奖励：为了鼓励小志愿者继续努力，可发放实物如玩具、图书等，可以起到一定的作用。荣誉奖励也可以取得很好的效果，发放奖状和在公告栏张贴照片等都是行之有效的手段。相关内容详见附录六《活动室小志愿者服务证书》。

4. 实施留意事项

4.1 社工是活动室物资和服务的总管理者，小志愿者是管理活动室的辅助者。社工也可以在偶到服务中观察一些个案跟进对象，或与个案跟进对象建立关系。

4.2 老师们出于对学生成绩的关心，可能会担心活动室开放影响学生的课业。社工务必留意同学是否优先把作业完成，并不时与校长、老师沟通，报告活动室的运作对学生的影响。

4.3 如同灾后重建过渡阶段的活动室偶到服务（行动表1），活动室玩具需要定期补充和更新，以确保活动室对小学生的吸引力。如果玩具补充不足，也可以选择一部分玩具，进行玩具轮换，以保持学生对玩具的新鲜感。

4.4 在电影放映的过程中，为取得理想的效果，社工需要设计简短的交流环节，在交流环节的设定上也必须尽可能地想出一些新颖别致的方案来吸引学生。例如，对此有兴趣的同学可以进行交流，准备一些与电影相关的小纪念品来鼓励学生发言，而不是让学生举手发言。

4.5 小志愿者的出现并不意味着社工可以在管理中缺席，社工在日常管理中仍然需要认真地和小志愿者小组配合，为小志愿者小组的管理创造良好的环境。

4.6 社工与管理小组成员关系太过亲密，可能会导致他们误解小组目的，造成管理上的不便。

4.7 积分规则（如代币制）会让低年级的学生无法适应，导致低

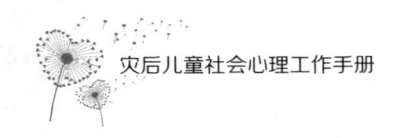

年级的学生在偶到服务中出席率下降。

5. 回馈

5.1 同学方面：对于活动室偶到服务，同学们普遍做出了积极的回馈，"活动室很好耍"，这是同学们对活动室的普遍评价。同学们认为偶到服务为他们的校园生活增添了很多乐趣，同学们也会经常提醒社工活动室开放的时间，积极参与偶到服务中，甚至会主动向社工提出自己的建议，比如提出自己希望看的电影，或玩的玩具。但是，同学们也给出了一些负面的回馈，比如活动室虽然有社工的干预，但是仍然存在欺凌现象。活动室的纪律问题也被多次提出，对于服务的质量有所损害。对于小志愿者的服务态度和质量，有些同学也提出了批评，比如有些小志愿者不把玩具借给低年级的同学等。

5.2 小志愿者方面：他们都很清楚自己的工作内容，也乐于为其他同学服务，但是，由于小志愿者需要付出较多的时间和精力，因此给他们带来了一些压力。同时，对于比自己年级高的学生，小志愿者面临很大的管理困难，"看到高年级的学生，我们不敢管"。

5.3 老师方面：对于偶到服务评价很高，认为偶到服务不仅丰富了学生的课余活动，也可以有效地保证学生的安全。

6. 专业反思

6.1 如果没有找到行之有效的管理活动室的方法，会使学生养成一种不守秩序的习惯。

6.2 在小志愿者管理中，团队建设和小志愿者的归属感、自豪感非常重要，应避免学生为了获得社工的欢心而做志愿者。

6.3 社工应该给小志愿者提供足够的支持和激励，提高小志愿者小组的能力，增强学生的兴趣。

6.4 社工应该将志愿者学生作为管理的主体和资源，通过能力培养、赋权和管理机制的规范化，改变社工"发现问题－寻找方法－告知志愿者具体操作方法"的模式，让志愿者学生"观察活动室－发现问题所在－讨论解决办法－付诸行动"，并注重通过学习和实践，培养志愿者学生的志愿精神、责任感和主人翁意识。

参考文献

1. 王海英：《西部农村寄宿制小学：问题与对策》，《湖南师范大学教育科学学报》2011年第10期。
2. 胡传双、於荣：《农村寄宿制小学影响学生发展的问题与对策》，《当代青年研究》2009年第8期。
3. 邓悦：《农村寄宿制小学建设的探索与思考》，《中国农村教育》2007年第1期。
4. 王艳东、王慧娟：《农村寄宿制小学的现状分析》，《教育实践与研究》2006年第11A期。
5. 陈佳、曾富生等：《学校社会工作介入农村寄宿制小学的探讨》，《赤峰学院学报》（科学教育版）2011年第9期。
6. 叶敬忠、潘璐：《农村小学寄宿制问题及有关政策分析》，《中国教育学刊》2008年第2期。
7. 叶敬忠、孟祥丹：《对农村教育的反思——基于农村中小学布局调整影响的分析》，《农村经济》2010年第10期。
8. 任平：《对农村教育现状的理性审视》，《教育探索》2007年第6期。
9. 刘克亚：《农村教育现状分析与改进措施》，《三峡大学学报》（人文社会科学版）2010年增刊。
10. 曹克雨：《灾后儿童的心理问题与社会工作的介入》，《河北青年管理干部学院学报》2009年第2期。
11. 曹祖耀：《地震灾后孤儿的社会心理支持环境因素分析与社会工作介入》，《社会工作》2008年第15期。
12. 邓拥军：《心理重建震后灾区青少年社会工作的拓展——儿童友好家园：

震后灾区儿童社会工作的经验》,《社会工作》2011 年第 19 期。

13. 刘斌志:《震后儿童社会工作的日本经验与本土思考》,《社会工作》2008 年第 15 期。

14. 彭善民、沈全:《灾后安置点青少年社会工作初探——以上海 S 社工服务队的实践为例》,《上海青年管理干部学院学报》2009 年第 1 期。

15. 沈黎、陶慕蔡:《"向日葵"绽放在幸福家园》,《社会工作》2009 年第 7 期。

16. Gardner Howard, 1985, *Frames of Mind*: *The theory of multiple intelligences.* Basic books.

17. Gardner Howard, 1999, *Intelligence Reframed*: *Multiple intelligences for the twenty-first century.* Basic Books.

18. 秦安兰:《地震灾区儿童心理重建与社会工作介入》,《社会工作》2011 年第 11 期。

19. 管雷:《论优势视角下汶川地震灾区青少年的社会工作介入》,《四川行政学院学报》2008 年第 4 期。

20. 陆士桢:《儿童青少年社会工作》,高等教育出版社,2008。

21. 熊梨花、周海平、孙小平等:《身心灵全人健康模式辅导对抑郁症患者康复效果的分析》,《中国全科医学》2009 年第 21 期。

附录一 "嬉戏时光"活动注意事项

各位同学：

映秀小学社工站将于2009年11月24日起向各班发放"玩具宝箱"一个，请大家注意以下事项。

1. 社工站为各班配备的"玩具宝箱"是班级的公共物品，请同学们务必轻拿轻放，与他人分享，不故意按压、撕扯或争抢。

2. "宝箱"内的玩具是定量的，本学期之内不补充其他玩具，已丢失或者损坏的不予添补。

3. 根据学期末的评比，玩具丢失及损坏程度轻的班级可以获得在下学期增加玩具种类和数量的机会，丢失及损坏程度越低，获得玩具增加的机会越大。

4. "玩具宝箱"有固定的开启和关闭时间，请大家一定牢记。

每周一至周四	下午4：20 第一次开启	同学们按照座位顺序在课桌右侧的过道排队，等待志愿者打开"宝箱"，请同学们想好需要的玩具并登记
	下午5：20 第一次关闭	同学们在听到哨声之后排队，拿好你的玩具——还回"玩具宝箱"
	下午6：00 第二次开启	同学们在操场上排队，依次领取玩具，请你想好你需要的另一种玩具，借用和刚才不同的玩具，并在志愿者处登记
	下午6：50 第二次关闭	同学们听到哨声之后排队，依次将借用的玩具还回到"宝箱"

5. 请各位同学务必注意安全，雨雪天气请在室内玩耍，祝大家课余快乐！

映秀小学社工站
2009年11月

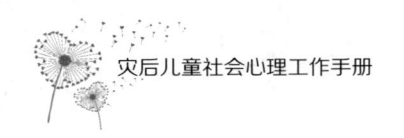

附录二 玩具、体育器材借用须知和借单

1. 请爱护所有玩具和体育器材。
2. 借用玩具和体育器材须本人进行登记。
3. 所有玩具都只能在活动室内玩耍,不能带出活动室。
4. 体育器材借用登记后请到室外玩耍,并注意安全。
5. 玩具、体育器材收拾整齐后进行归还登记。
6. 故意损坏、带走玩具和体育器材的需要照价赔偿。

玩具、体育器材借单

日 期	姓 名	玩具、体育器材名称	借	还	备 注

附录三 图书借阅须知和借阅单

1. 每人每次只能借一本图书,所借图书归还后,才能再借。
2. 图书借阅请本人亲自进行登记。
3. 每本图书的借阅时间从借书当日起,7 天内归还。
4. 请爱护图书,不得在图书上乱写乱画,不得撕毁图书。
5. 损坏、丢失图书需要照价赔偿。
6. 报纸、杂志等只能在活动室内阅读。

图书借阅单

日　期	姓　名	图书名称	借	还	备　注

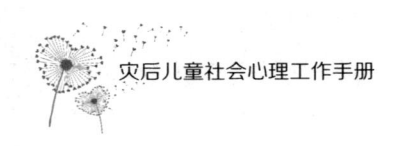

附录四　社工站活动室招募小管理员通告

亲爱的同学们：

　　新学期到来，社工站面向全体同学招募活动室管理员。只要你是三年级至六年级的同学，并且你有一份为全体老师和同学服务的责任心，对活动室琐碎管理工作有一份认真的态度，你就可以报名加入"友谊小学"社工站活动室小管理员队伍。

　　招募对象：三年级至六年级全体同学

　　招募人数：12 人

　　招募地点：社工站办公室

　　招募要求：本人亲自来报名

　　招募时间：2012 年 2 月 16～17 日（今天和明天）

香港理工大学应用社会科学系

中新友谊小学社工站

附录五 "步步高"小组——小志愿者培训小组介绍

1. 小组背景

学校社工站活动室的开放满足了不少学生的康乐需求，受到学生的欢迎，也成为班主任老师激励学生的一种手段，但是仅仅依靠社工管理显然不够，学生在玩耍中争抢玩具、乱丢玩具甚至将玩具据为己有的现象时有发生。为了使活动室更加有序，使玩耍的学生懂得遵守秩序、爱护公物，因此考虑招募志愿者管理活动室。

每个班级都有一小部分不太受到关注或者受到较多负面关注的学生，社工有意识地邀请了这些同学担当志愿者，社工期待通过小组培训和志愿活动让这些学生感受到自己的价值、感受到社工和同学的关注，从而激发其抗逆力，并在服务中不断成长。

2. 理念框架

2.1 组织行为认为人群互动关系包括组织内所有的互动形态，例如组织内部决策的形成、组织设计、领导行为、士气激励、团队运作、冲突管理、人群互动训练等，其核心在于沟通与说服。有效的人群互动关系，可以促使组织成员为实现组织的目标贡献心力，从而提高组织绩效。

2.2 有效的沟通对于建立亲密关系是有用的，即使在非亲密的日常生活中，有效沟通依然可以不同程度地改善这些关系。但是，要建立有效的沟通，不仅需要语言沟通，还需要很多非语言沟通以及互动。

2.3 史路（Snow，1992）认为一个有效的团队特质应包括：每个人都认识到任务及工作的重要性、清楚过程中自己及个人的角色、承认大家都需要为任务而付出、每个人同等地做贡献、每个人的付出都得到大家的认同、能够通过开放沟通及互相坦诚而建立诚信及信任以及每个成员都清楚发展团队是一个过程。

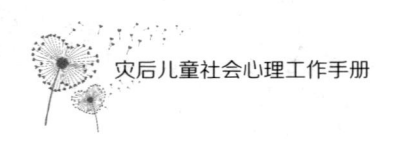

3. 活动目的及目标

3.1 目的：让小志愿者了解团队合作、自我管理、自我约束、自我控制、尊重他人的重要性。

3.2 目标：

3.2.1 学会了解自己、尊重他人。

3.2.2 学会自我管理、自我约束、自我控制。

3.2.3 使组员可以认识到一个团队的重要性，建立起团队精神，并建立团队信任。

3.2.4 使组员在服务的过程中增强自我价值感，发现自己的优势。

4. 活动基本资料

4.1 小组性质：成长性小组。

4.2 工作对象：社工站小志愿者。

4.3 活动地点：社工活动室。

4.4 参加者人数：10人。

小组周期：每周一次。

5. 招募及宣传

5.1 访谈各班主任，请班主任老师推荐平常不太受到关注或者受到较多负面关注的学生。

5.2 在活动室的日常开放中观察和选拔一些对志愿活动有强烈参与意愿的学生。

6. 工作程序

日期	工作安排
4月28日~4月30日	撰写小组活动书
4月8日~4月30日	访谈班主任，跟候选学生谈话，并最终确定志愿者人选
5月2日	派发邀请函
5月3日~6月9日	小组活动实施
6月10日~6月20日	评估

7. 小组活动时间表

节数	日期	名　　称	内　　容
一	5月5日	认识你们很高兴	互相认识 确定小组名称 拟定小组契约
二	5月12日	合作的力量	学习与人沟通的技巧，认识与人沟通交往的重要性
三	5月19号	沟通的重要	沟通的重要性
四	5月26日	让我们来解决冲突吧	认识冲突、减少冲突
五	6月2日	情景模拟——活动室的中午	将志愿服务的情境具体化
六	6月9日	步步高	交流分享小组的收获

8. 每次聚会计划

第一次活动安排

活动时间：5月5日 13：40～14：45　　　　　　所需时间：65分钟

个别活动时间	主题	目　　标	内　　容	所需物资
5分钟	破冰	调动组员参与小组	大风吹	
15分钟	互相认识	让组员、组员与工作员相互认识	1. 社工自我介绍（包括姓名及在组中的角色、活动目的等） 游戏：名字接龙游戏 由任意一位组员开始介绍自己的名字，下一位组员自我介绍前先要重复上一位组员的名字，依此类推，直到回到第一位（如果小组成员是都认识的，就可以加深了解，比如介绍自己喜欢吃什么，喜欢什么颜色等）	
5分钟	讨论取名	为小组取名	志愿者为团队起名、社工介绍活动的目的	

续表

个别活动时间	主题	目标	内容	所需物资
30分钟	讲解说明什么是志愿者	形成服务理念	1. 志愿者工作的定义 2. 志愿者工作的背景 3. 志愿者工作的目标 4. 对个人的意义和价值（可以以讨论的形式）	
10分钟	总结	交流分享及总结	每人分享自己在这次小组活动中的体验和感受，最后由社工总结并告知下次聚会的时间	

第二次活动安排

活动时间：5月12日13：40~14：40　　　　所需时间：60分钟

个别活动时间	主题	目标	内容	所需物资
10分钟	破冰游戏	了解到与人沟通和合作的重要性，学习与人沟通的技巧	游戏：比比吧 分两组，每人拿出身上的一件东西放在桌上，然后主持人宣布他们利用仅有的东西并把它们垒到最高，最后比比谁在限制条件最多的情况下垒得最高	
10分钟	分享	反思沟通方法	1. 在游戏中，让限制条件最多垒到最高的那一个组来分享他们是怎样想到的方法，是怎样交流意见的。 2. 另外一组则分享是怎样交换意见的，有没有遇到什么的困难，如果让两组一起商量这一组的方案，还可以怎样修改以达到更高。	
35分钟	对志愿者的理解和拟订志愿者守则	讨论	1. 你认为作为一个活动室的志愿者应该有怎样的热情和耐心？ 2. 在现有的活动室管理中，你遇到了什么样的困难？你认为自己应该如何去解决？大家对于你的困难有什么解决方法？ 3. 社工站对大家的期望 4. 在老师制订的志愿者守则基础上，继续讨论删掉不合理的内容并加入新的内容	
5分钟	总结介绍	总结	社工对本次聚会进行总结并做下次活动安排	

第三次活动安排

活动时间：5月19日 13：40~14：40　　　　　　所需时间：60分钟

个别活动时间	主题	目标	内容	所需物资
10分钟	热身游戏	了解非语言沟通的障碍	画花： 首先，主持人请同学们画一朵花（对花没有描述）； 第二次让同学画一朵有四片花瓣的花或者是两片叶子（对花有所描述，同学还可以提问）	纸、马克笔
20分钟	游戏	了解沟通合作的重要性	同舟共济 材料：每队一张报纸、预备数张报纸做后备之用、哨子 内容： 1. 组员以平均人数分队，每队三至四人。每队分派一张报纸，将报纸铺在地上 2. 社工发信号开始，所有队员一起站到报纸上，不可弄破报纸，否则就另要一张补充，继续游戏 3. 全体队员能够长时间两脚都站在报纸上的是胜利者	
20分钟	分享	反思沟通方式	第一个游戏的讨论： 1. 第一次和第二次画的花有什么区别？为什么？ 2. 交流前、交流后的区别？哪一种比较好？ 3. 哪一种方式让你感觉比较舒服？ 4. 大组分享讨论志愿者小组可能出现的沟通问题，问题怎样发生，将来如何避免及如何改善组员间的沟通的方法。 第二个游戏的讨论： 1. 成功一组的经验是什么？经历了什么样的过程？沟通有什么样的好处？ 2. 失败一组遇到了什么样的困难？要是再给你们一次机会，你们会怎么去利用这次机会？	
10分钟	总结		总结本次活动及介绍下节内容，搜集活动室装饰的意见	

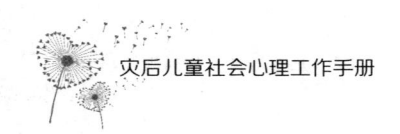

第四次活动安排

活动时间：5月26日 13：40～14：40　　　　　　　　所需时间：60分钟

个别活动时间	主题	目标	内　　容	所需物资
10分钟	热身游戏	测试沟通能力	游戏：三分钟测试 1. 工作员告诉组员这是一个测试他们沟通能力的游戏 2. 工作员把（三分钟测试）试题分发给每位组员（注意要先将试题转到背面不让组员阅读） 3. 待试题派发完毕后，工作员才说："现在开始！"这时组员才可把试题翻过来开始填写 4. 三分钟后，工作员报告：（三分钟时间到了，现在停笔） 组员讨论题目： 1. 是否留意为什么有些人能在三分钟之内完成全部试题？ 2. 哪些组员已回答完二十道题目？他们是否体会到自己的固有思维习惯对解决问题具有负面影响？ 3. 而那些能在三分钟内完成题目的组员有怎样的感受？ 4. 迅速直接地进入任务，是不是最好的方法？ 5. 能否体会到投资时间可以节省时间？	
20分钟	冲突	认识冲突，解决冲突	与组员讨论他们遇到的冲突 1. 记录发生冲突的实际情况，包括时间、地点、人物及引起冲突的背景等 2. 澄清争议的核心，避免问题混淆不清，或将以前不和的事情重新带出，这将导致问题更加复杂 3. 分析产生冲突的原因，如讯息传达是否有问题？观点角度可有本质上的差异？是否存在不公平的情况？意见的表达方式是否妥当？	
20分钟	冲突	减少冲突的方法	首先以讨论的形式来展开，组员先表达自己的意见 1. 加强了解和沟通 2. 缓和分歧——如果小组内发现组员间出现不同的意见，应以协商的方式解决。让组员尝试明白对方的想法及难处，交换观点，使他们能互相包容 3. 小组规则——如果小组能有效地制订运作程序及组员职责，就可以减少因为责任不清而产生的冲突	
10分钟	总结		总结本次内容和组员的表现，待活动结束后一起布置活动室	

三分钟测试试题

1. 填写试题前请先阅读全部数据。
2. 将你的名字写在本页的左上角。
3. 将第一页中的"全部资料"这个词语圈起来。
4. 在本页的右上角画上五个体积相当的小方格。
5. 大声叫出你自己的名字。
6. 在本页的第二个标题下再写一遍你的名字。
7. 在第一个标题后面写上"是"。
8. 把第五项的句子圈起来。
9. 在本页的左下角写个"×"。
10. 如果你喜欢这项测试，就请说："是"；如果你不喜欢，就请说："不"。
11. 如果在测试中，你已填写到这道试题，就大声叫一下自己的姓名。
12. 在本页右边的空白处，写上你最崇敬的伟人的名字。
13. 在第四项将"本页"这个词语画个方框。
14. 如果你认为自己仔细地按照试题的要求填写了，就叫一声"我做到了"。
15. 在本页左边的空白处写上69和98。
16. 大声诵读10至1。
17. 站起来，原地转一圈，然后再坐下。
18. 大声说出："我快干完了，我是按要求做的。"
19. 如果你是第一个做到这一题的，就说："我是优胜者。"
20. 既然你已按第一句的要求认真读完了全篇内容，你只需要响应第二项的要求就算完成任务。

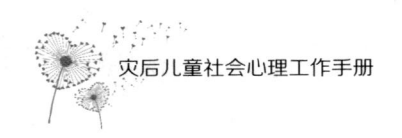

第五次活动安排

活动时间：6月2日 13：40～14：40　　　　　　　　所需时间：60分钟

个别活动时间	主题	目标	内　　容	所需物资
5分钟	总结上次活动表现	鼓励同学们更好地参与小组活动	鼓励表现好的同学，适当地提醒表现不太好的同学	
15分钟	热身游戏	增加组员之间的了解，活跃小组的气氛	空中漫游 游戏规则： 社工让组员排成一个面向中心的小圆圈，而社工则站在中心做示范 社工双手绕在胸前，并与组员进行以下对话 社工："我叫×××（自己的名字），我准备好了，你们准备好了没有？" 小组组员回答："准备好了。" 社工："我倒了？" 小组组员："可以了。" 这时社工整个身体放松，完全倒在小组成员的手中，而组员则把社工顺时针推动两圈 在社工做完示范之后，每位组员都可以轮流尝试 活动完成后，每人分享活动感受 讨论题目 该游戏最难忘的地方是哪里？ 在活动过程中，你感觉小组的合作精神怎样？是否有信任感？	
35分钟	你心目中的志愿者		1. 社工解释做题（你心目中的义务工作） 2. 如每人画一张，则不需要与其他组员讨论。但如分成若干小组，则须经过小组的讨论以决定绘画内容 3. 绘画内容尽量鼓励以图案、物品为主，不建议有太多文字 4. 分发用具，开始构思，绘画10至15分钟 5. 时间结束，社工要求每人/组将自己的作品张贴于报告板上，并轮流解释画的含义	纸、笔

续表

个别活动时间	主题	目标	内　　容	所需物资
35 分钟	你心目中的志愿者		6. 社工最后总结每人/组作品的共同点 程序变化： 1. 为鼓励组员参与，可设立最优秀作品奖，由组员自行选出 2. 可将小组分成两队，一队绘画自己对义务工作的观感；第二组则用一般市民的观点，说出对义务工作的观感，并比较两者的作品	纸、笔
5 分钟	总结	分享	总结此次活动的效果和组员的表现，并交代下节小组是最后一次小组活动，可以准备送给其他同学礼物或者卡片	

第六次活动安排

活动时间：6 月 9 日 13：40～14：40　　　　所需时间：60 分钟

个别活动时间	主题	目标	内　　容	所需物资
5 分钟	总结上次的表现	鼓励同学们积极加入小组	鼓励同学的表现，适当提醒表现不太好的同学	
45 分钟	分享和交流	总结本次小组活动经验	分享自己在整个小组中的收获，发表自己对本次小组的看法和意见以及对个别小组成员的建议和意见 分享： 1. 你觉得坚持参加完这次小组活动是你自己愿意还是碍于面子不好退出？如果是愿意的话，觉得这次小组有什么吸引你的地方；如果是不好意思退出的话，这次小组有什么地方做得不好？ 2. 你觉得在这次小组活动中，有哪一部分令你印象深刻，哪一部分让你觉得不舒服，为什么？	

续表

个别活动时间	主题	目标	内 容	所需物资
45 分钟	分享和交流	总结本次小组活动经验	3. 在本次小组活动中你有什么收获？有什么改变？ 4. 在本次小组活动中，你比较欣赏谁的表现，为什么？ 5. 你觉得自己的表现有什么不足的地方，应该怎么改进？ 6. 社工的工作有什么不足的地方？你对社工有什么建议，希望他们在哪个方面多加改进？ 7. 在以后的志愿者工作中你打算怎么样去做。 8. 选择几位组员送上自己的忠告和祝福 9. 想对社工说的话	
10 分钟	交换礼物或卡片	结束小组	说明小组结束并派发志愿者的规则和值班表	

9　小组参与人员契约小组成员团体规范

9.1　我自愿参加小组所有活动，遵守小组的制度和纪律，不迟到不早退，如遇疾病和其他特殊情况，事先向社工请假。如果两次无法参加小组的活动，视为退出小组。

9.2　为了自己与组员的成长，我力求坦率真诚，与他人分享自己的体验。

9.3　我将保守小组组员的秘密，不做任何有损团体成员利益的事。

9.4　小组活动时，严禁对他人进行人身攻击，违者退出小组。

9.5　小组活动中，禁止吃零食及从事其他与活动无关的事。

9.6　组员在讲话的时候，要仔细地倾听，不得在一旁窃窃私语或打断别人的谈话。

9.7　在小组活动的过程中，可能会扰动身心，我对此有必要的了解和准备。

10　志愿者守则

10.1　一切以学习为主，一旦课任老师有安排，以课任老师的安排为主。

10.2　图书室志愿者要做好图书登记借还的工作。

10.3　图书室志愿者要维持图书室的安静整洁。

10.4　态度要和蔼，有耐心，不与其他同学发生争执或打闹。

10.5　一旦安排了工作不得中途离开，如果临时有事可以向社工申请，可以与其他同学商量换班，但不得影响图书室的正常工作。

11　评估方法

11.1　每次小组活动结束后，请小组成员讨论感受，一次次地记录每个小组成员的变化。

11.2　社工在小组活动中进行观察与分析。

11.3　从出席率及参与、投入程度做出评估。

11.4　从与小组成员的谈话来了解他们对小组的感受与意见。

12　（我的志愿者小组）满意程度量度表

项目＼程度	极不同意	不同意	同意	非常同意
我能在小组内向别人表达我的看法				
我喜欢这个小组				
我觉得自己在小组中学会了关怀别人				
我的贡献得到认同				
参加这个小组使我对自己越来越有信心				
我乐意和其他组员分享我的经验				
我觉得小组气氛能鼓励互相信任而且坦诚相处				
我喜欢小组领袖的带领方式				

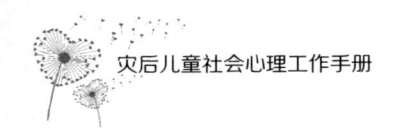

附录六　活动室小志愿者服务证书

_____同学：

  于 2010～2011 年，作为香港理工大学汉旺学校社工站"欢乐时光"活动室小当家，工作认真负责，积极努力，特发此证，以兹鼓励。

香港理工大学

汉旺学校社工站

____年____月____日

第5章
儿童年画班

邢盼盼*

概 述

社区文化对人的精神状态、归属感及社区的凝聚力发挥着重要的作用，是社区建设的灵魂和基石，也是推进社会政治、经济不断发展的重要组成部分（王丽慧，2008）。同时，文化也是学校与社区互动的核心中介，学校与社区语言文化的共享性越多，两者的教育目标就越趋向一致，学校与社区的凝聚力就越强，学校工作就会事半功倍，建立学校与社区的和谐、互动需要确认和尊重文化的丰富性和多元性（白杨、巴登尼玛，2012）。本项目积极运用社区文化，例如羌绣、锅庄（详见第8章）、学生社区摄影小组等，与学校、家庭联系，发掘当地社区文化。本章以绵竹年画为例，将这一社区文化与学校社会工作结合起来，探讨灾害社会心理工作如何运用社区文化与小学生一起工作。

---

* 邢盼盼，女，天津师范大学社会工作专业学士，于2010年3月~2013年8月加入香港理工大学四川"5·12"灾后重建学校社会工作项目，先后在汶川地震极重灾区绵竹市、汶川县等农村地区开展工作，2012年12月起担任映秀小学社工站督导助理一职，2013年8月进入云南大学社工系进行社会工作硕士的学习。

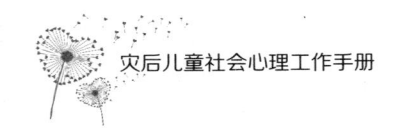

绵竹年画是绵竹市特色文化之一，大街小巷都可见栩栩如生的年画作品。该地的年画非常具有地方特色，有传统年画与现代年画之分。传统年画根据历史特色、生活习俗制成，将民间的生活反映在画板中。而现代年画则是画师根据当地的风俗习惯对年画进行的创新改良。因此，现代年画生动地反映了绵竹人民的生活习惯，深入民心，受到当地居民的热烈喜爱。

绵竹兴隆学校通过走访家庭、学校、社区等，发现绵竹年画广受喜爱，经与校方协商，社工站利用2009年暑期开展"延绵兴承"——兴隆学校儿童年画项目，此后又将此项目融入学校正常的教育安排中，将兴隆学校学生的创意用悠久的绵竹年画技法表现出来。社工站本着连接"家庭—学校—社区"的理念，超越简单的兴趣班式的操作，秉持着"传承、回馈、增能"的宗旨，从需求出发，针对学生开展小组、兴趣班等方式，并邀请个案学生加入，培养学生的自信心及纠正其行为习惯；邀请家长观摩、体会年画，对年画班的开展及内容积极贡献意见，从真正意义上实现学生—学校—家庭—社区的连接，丰富学校社会心理工作的方法与内容。

2009年至2011年，项目总共举办了3期学生年画小组服务，为69名同学提供服务，得到了学生、家长、老师和校长的一致赞赏，反应热烈。从社会工作视角来看，年画班不只是传承文化，通过年画小组，社工站旨在协助小学生进行团体建设，快乐成长。本章是在兴隆学校社工站3年服务经验的基础上整理所得，具体内容请参阅行动表及附带的相关资料。

行动表1　需求评估及准备

1. 目标

1.1　了解学生需求，根据学生的特点展开相应活动。

1.2 发掘社区的资源，通过社区居民的加入，将学生—学校—家庭—社区联系起来，从真正意义上帮助居民在灾后实现"助人自助"。

2. 主要行动

2.1 需求评估

2.1.1 学生的需求

2.1.1.1 文化娱乐方面：兴隆镇是一个普通的农村社区，地震后经过长达一年的板房过渡期。过渡期间各方忙于房屋等基础设施的重建，家长无暇顾及学生，学生完成课业后，大多是在田野间玩耍，缺少其他活动，文化娱乐生活简单、枯燥。

2.1.1.2 课余学习方面：除学校规定的课程外，社区给学生学习其他兴趣活动的机会较少。

2.1.2 家长的需求

2.1.2.1 社工通过定期家访，了解到家长在教育孩子方面有相当大的压力。多数家长由于知识有限（多数农村家长只有小学、初中的学历），在学生的成长方面，只能照顾学生的基本生活，而学生的学习以及其他兴趣培养等方面的需求，并不能得到很好的满足。

2.1.2.2 兴隆镇地处农村，课余学习机会较少，由于经济、交通等各方面原因，很多家长并不能将自己的子女送到城区的培训中心学习。加上地震之后，家长大多忙于重建房屋，对孩子的教育往往力不从心。

2.1.3 校方、老师的需求

2.1.3.1 社会对属于弱势群体的儿童给予了很多的关注，在教学、活动等各方面都寄予了较高的期望，而学校的老师却往往心有余而力不足。

2.1.3.2 学校支持社工站开展年画项目，希望在培养学生绘画能力的同时，提高他们的自信心及创造力，帮助学生更快地从地震的阴影中走出来。

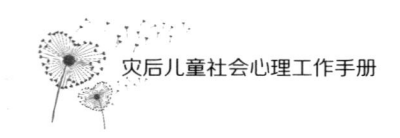

2.2 前期准备工作、招募和服务协调

2.2.1 工作伙伴与支持

2.2.1.1 五名志愿者与社工站工作员配合，共同商讨、设计年画小组。

2.2.1.2 与兴隆学校领导洽谈，学校提供教室，保证年画小组的顺利进行。

2.2.1.3 画师方面，必须满足以下两点要求。

第一，认可社会工作站的服务理念并愿意一起配合。

第二，有较强的沟通、表达能力，有相关儿童工作经验者优先考虑。绵竹有清道、遵道两个年画村，集中了很多年画作坊。社工站通过多次走访，咨询社区居民与老师，与多位画师交谈，告知项目成立的背景、理念，最终寻得一位经验丰富且认可社工站工作的画师，社工与画师一起探讨课程设置，咨询相关物资的购买，并签订劳务协议等。详见附录一《儿童年画项目画师合同》。

2.3 组员的招募

2.3.1 报名：在学校张贴海报，采用广播、口头通知及家访宣传等多种方式进行。

2.3.2 筛选：报名的同学必须呈交一幅自己的绘画作品，工作员与画师结合包括绘画功底、颜色搭配、认真程度等一起进行筛选。

2.3.3 针对性邀请：对个别有需要的学生（如行为问题、家庭困难）进行单独的邀请，同时邀请学生熟悉的朋友。社工站整合学校社会工作的方法（如一个学生既可以是个案对象，也可以是小组组员），多种工作手法同时运用，为服务对象提供服务，以避免对有需要的学生贴标签。

2.3.4 教师转介：社工站咨询老师的意见，对于老师转介的学生进行评估。转介的原因包括很多种，如学生有绘画的特长；该学生学习课业较差，老师希望其在其他方面有发展；学生行为习惯不好，老师希望社工多些跟进。

3. 实施留意事项

3.1 需求评估

3.3.1 以学生的需求为主。社工站立足于学校，服务面向学生、家长、老师，但是活动的目标群体是学生，故而要根据学生的实际情况及需求提供各种服务。兴隆学校地属农村，灾后大量的重建工作使得学生的课余生活单调，学生一般有强烈的意愿学习年画。

3.3.2 联系学校特色。兴隆学校注重绿色教育，积极开展以"保护环境"为主题的环境教育活动。学校希望通过采取"渗透于课堂，寄寓于活动，示范于师德，训练于习惯，熏陶于环境"的方式，达到"教育一个学生，带动一个家庭，影响一个社区，造福一方人民"的目的。年画小组的开展与学校的宗旨一脉相承，因此得到了学校的大力支持。

3.2 招募组员

3.2.1 留意小学生的发展特点。年龄太小的学生在使用毛笔等方面有较大困难，因此，招募的学生应集中在3～6年级。学生上交作品后，应将认真程度、绘画水平作为评选标准。但因不同年龄段小学生差异较大，应酌情考虑低年级学生的能力，对绘画水平的要求可相对降低。

3.2.2 留意权利与义务。社工需要向未通过筛选的同学说明原因。同时明确入选年画班中的学生及家长的责任、义务、安全与著作权等事项。例如：在考量学生安全方面，家长需要负责学生的往返接送；在版权方面，学生在年画班中所有的作品，都归社工站所有，对于表现好的学生，可以裱出一幅送给学生等。

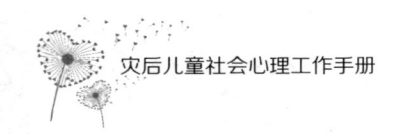

3.3 准备期间

3.3.1 人员方面的准备

3.3.1.1 学生、家长方面：电话通知。

3.3.1.2 画师方面：约定时间与提前通知。

3.3.1.3 学校方面：邀请校领导参加开班仪式并致辞。

3.3.1.4 社工方面：需要对年画知识有基本了解，如年画的起源、发展、作用、发展趋势等。

3.3.2 物资及场地方面：包括桌椅、画稿、毛笔、医药箱及教室的布置与使用等。如毛笔和涮洗毛笔使用的水桶可由学生负责，每人一套（包含毛笔、调色盘、折叠水桶），学生负责清洗、整理等。

3.4 服务开展

3.4.1 工作人员的分工。明晰工作人员的分工与合作，主带者与辅助者的角色。如主带者需要掌握整个年画班的进程与安排，而辅助者则需要对个别的学生、突发情况等多些投入。

3.4.2 学生的安全。距学校较远的学生，要与其家长协商好接送的问题；如果家长临时有事，社工在了解具体情况后应让学生与其同学同路返回（详见附录二《儿童年画项目学员监护人协议书》）。

3.4.3 画师的支持与配合。活动开展前与画师达成一致，画师要明晰社工站的宗旨、服务目标，其主要的任务为教授学生年画技艺，社工主要负责团队建设活动、安全、各项安排通知等。画师要配合社工开展相应活动。如社工的个案学生也参加在年画小组内，在年画技巧方面需要画师的肯定、鼓励等，画师可给予额外的关注。

4. 专业反思

4.1 在招募过程中，社工邀请受排斥的学生参加，希望借助年画小组的团队动力来改善此类学生的人际关系。但学校却有很多担忧，因为这几个学生爱好电脑游戏、有偷窃行为，而年画班的学习在学校课程之外，校方担忧出现意外情况。为了解决校方的担忧，社工可以询问此类学生的意向，提前与学生、家长面谈，告知年画班的相关规定（详见附录二《儿童年画项目学员监护人协议书》及附录三《学员承诺书——我的承诺》），明确各方（社工站、学校、家长）的责任与权利等。另外也要将相关协议让学校备份。

4.2 社工站与学校分工与合作，社工站虽独立于学校，但核心目标是配合、辅助学校开展相关工作，年画班的相关信息、文档资料，也要定期呈交给校方。

行动表 2 年画小组

1. 理念

1.1 团队建设对于团队工作、学习效率和效果作用重大。提升团队建设能力的基本程序包括评估团队现状、采取应对措施、观察结果、采取维护和发展对策（李勇，2008）。高效率工作团队的核心特质主要包括目标具体而清晰、成员团结互助、成员高度接纳、有效沟通和真诚互动、成员积极参与团队活动、成员具有较高的自我责任感、自我奉献感，以及团队创造力强等（李勇，2008）。年画班注重经验学习，社工主张同学们不是单向从老师的教育和阅读书本中取得知识，而是在亲身经验中获得，通过对客观世界的感知，对作用于环境的行动结果进行反思，提升认识（Kolb，1984）。

1.2 通过年画这个媒介，可以帮助学生对"文化"有具体的认识和接触，学生在体会社区文化、传承传统文化的同时，也增强了个人能力，进而实现利用社区固有资源和团体合作，更有效协助学生快乐成

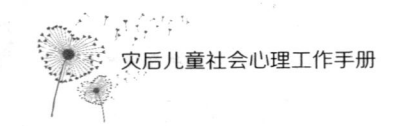

长。本项目的宗旨有两方面：

1.2.1 传承精神文化，使绵竹年画世代流传；

1.2.2 培养学生的创造能力、实现学生的自我价值。

2. 目标

2.1 通过学习年画与团队建设，增进学生的交流，提升年画班学员沟通能力与问题解决能力。

2.2 推动家长对年画班本身及学员工作学习的理解、支持与督促，强化家长彼此之间的支持网络，支持学校的活动，实现学校、家庭、社区的链接，为学生的成长营造更好的环境。

2.3 通过年画的创作，提升学生的创新能力。

3. 主要行动

3.1 小组的类型：按照开展的时间及频率来分

3.1.1 集中式小组（暑期周一至周五上午9：00至11：00）

3.1.2 分散式小组（开学后，每周六上午9：00至11：00）

3.2 集中式小组

3.2.1 我们在2009年7~8月暑期进行的"绵延兴承"项目，年画培训与团队建设同步进行，由社工站工作人员及志愿者合作带领，每节年画小组后（2小时）与学生进行团队建设活动（详见附录四《"延绵兴承"——儿童年画项目建议书》）。

3.2.2 年画培训的课程由画师安排，依据年画的基本技巧，由浅入深（详见附录五《暑期年画项目小组教案》）。而团队建设活动由社工志愿者带领，共进行8次，主题分别为相互认识、确立小组规范、找出自己的优点等。

3.2.3 时间与频率：年画小组共持续 20 节，时间为每周一至周五，共 4 周。

3.3 分散式小组

3.3.1 2009 年 9 月兴隆学校新校区正式投入使用，学生进入新的校园中学习，教学活动也逐渐正常化。暑期的年画小组得到学生、家长、学校和社会各界人士的广泛认可，学校非常支持此项活动。社工站在评估了学生的需求后，决定把年画小组作为社工站常规工作的一部分大力发展。

3.3.2 小组形式：画师负责年画技巧的教授学习，社工负责团队建设、联系家长、学生签到等。

3.3.3 年画小组仍为 20 节课程，程序依据附录五《暑假年画项目小组教案》，与第一次小组活动并未有太大变化。团队建设活动仍然进行，但是改变了原来的以小组活动为主的形式，而是主要以大型活动为主，如参访年画村、团年 Party 等。

3.3.4 时间及频率：每周六上午 9：00～11：00。

4. 实施留意事项

4.1 根据学生成长需要、特点开展小组活动

4.1.1 组员年龄差异较大：因此要照顾低年级学生的特点，不宜开展太复杂的游戏。

4.1.2 性别组合：高年级同学已开始进入青春期，对异性身体的接触非常敏感，在游戏设置时需要进行相应的考虑。例如可考虑运用一些团体游戏，而团团坐、解手链等需要紧密接触的游戏要慎用。

4.1.3 工作人员与组员沟通的方式：避免运用比较成人化、相对抽象不容易被学生理解的沟通模式以及用语，如感受、参与度等，这可能会让学生不理解、不耐烦。与儿童工作时应对儿童的成长特点有一定

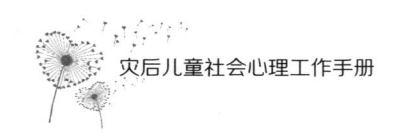

的了解，在沟通时尽量采用具体且易懂的词语。

4.1.4　将年画课程的学习与团队建设融为一体：学生对于课堂的教授方式非常熟悉，容易适应年画授课的形式，但是对于小组活动较为陌生，可能有些抗拒，如不愿意参加、捣乱等。社工结合专业小组和画技课程的培训模式，在小组活动的设计上需要更多地考虑"寓教于乐"，让组员不觉得两者是相互隔离、没有任何关系的。

4.2　小组动力方面

4.2.1　根据组员特点安排不同角色：使用"年画班小领袖"使高年级与低年级的同学更好地相处，邀请高年级的同学为领袖，让组员有不同的角色和位置，从而更好地保持他们的互动与参与，培养他们的能力及责任感，增强学生的自信心及管理能力。

4.2.2　解决小组矛盾冲突：小组进行到后期，很容易产生次小组（小团体），影响整个小组的进行。小组内工作人员的角色在不同的时期会有不同的变化，社工扮演组织者和协调者的角色，需要及时协调。

4.2.3　鼓励催化团体动力：注重学生作品的宣传、展览，学生作品经常会被学校作为礼品赠予援建方，如某基金会曾出资购买6幅年画作品作为礼品赠予嘉宾。这些都极大地提升了学生的自信心及学习年画的热情。

4.2.4　小组人数：以年画为载体的小组，与其他的社会工作小组，特别是行为治疗小组有很大不同，但一般的小组人数较多。

4.2.5　平衡个体与整体的关系：小组中会有一些调皮、好动的学生，他们很容易牵扯社工的精力。社工应该将注意力放在整个小组上，而不是单独关注一些特别突出的个体，当这种情况出现时，应由辅助者来解决，从而保证主带者将精力放在整个小组中。

4.3　与家长配合方面

4.3.1　安全：家长如不能亲自接送，要打电话告知社工，社工安排其与其他同学同行等；对没来参加的同学应及时回访（电话、家访等）。

4.3.2 家长的参与：家长的参与程度、参与方式在不同的发展阶段不尽相同。暑期阶段，家长的参与较少。开学后，社工站邀请家长与学生一起参访年画村、结业典礼座谈会等，促使家长对于年画小组的参与逐渐增多，而家长的参与对于学生学习年画有很大影响。

4.4 结束

4.4.1 年画作品在学校展览，以肯定同学们的努力和合作，并借此机会展现学校对项目及年画艺术的支持，提高全体师生对年画艺术的认识和喜爱度。

4.4.2 安排小型聚会，请家长及学生共同参加。可制作PPT、视频等，大家一起回顾年画班中的经历，强化学生、家长的印象。家长相互间也可留下联系方式，形成家长、学生间的支持网络，方便交流、学习年画等。

4.4.3 评估学生、家长、画师、校方等各方面的意见。

5. 学生、家长回馈

学生A：虽然我之前失败了很多次，但是最后我终于学会分染了！在年画班里可以学到很多知识，只要我们努力、不放弃，就能取得最后的成功。

学生B：画师太厉害了，非常佩服画师的想象力。在后期，我也感觉到自己的画技有了明显的提高，明白了只要自己有信心、肯努力，就会取得成功。

学生C：在年画班里，最让我印象深刻的事情是自己投入画年画的时候，每当我看到自己进步了就特别有成就感。而最特别的事情就是和同学一起调颜料，由此可以体会到分享的快乐，能够共同进步。

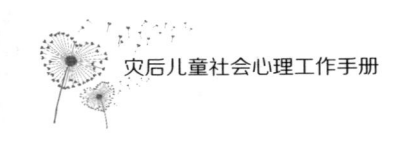

家长 A：非常有意义，培养了学生的绘画能力，增加了她的自信心，很多邻居也都夸她能干，她现在比以前开朗多了。真的谢谢你们！

6. 伦理考量

6.1 学生的自决权利：如果学生经过一段的学习之后，发现自己对年画并无兴趣，想要退出，社工在与其及家长协商后，充分尊重学生自决的权利。

6.2 服务与收费问题：为了更好地规范学生的行为，社工站在开始收取 50 元作为工本费。与学生、家长约定，在小组结束时，如果学生能较好地完成小组学习，50 元会以奖学金的形式发放给学生。绝大多数同学可以拿回 50 元奖学金，只有个别同学，如无端缺席多次，则将 50 元充作活动经费，为年画小组购买物资所用。这笔钱的用途要对家长明确说明。

6.3 尊重大众与个别化原则相冲突：当个别同学不遵守小组约定，违规、扰乱其他同学，社工要后续跟进这些学生，让他们明晰小组内的规范等，在不伤害、不打击学生的前提下，做到个别与整体的平衡。

6.4 社工、家长彼此的责任与权利：在活动开展前社工站应有明确的说明，即学生所有的作品所属权归社工站。不愿意接受该规定的家长有权利不让孩子参加，但不会因此影响孩子及家长在学校、社工站应得的其他服务。

7. 专业反思

学生的跟进与年画学习需要时间及指导，因而考虑到年画项目的延续性，对于表现好并愿意继续学习的同学，可以作为志愿者加入下一期小组中。这样既能强化学习效果，也能增强不同年画小组同学之间的联系，为同学"助人自助"提供机会，加强年画小组的团体动力。

行动表3　年画作品展览

1. 目标

1.1　通过展示学生作品，增强学生自信心。

1.2　增强外界人士（学生、老师、居民等）对年画的了解，发挥社区文化的影响力量。

2. 主要行动

2.1　前期准备工作

2.1.1　布置、筹备。

2.1.1.1　年画作品的装裱。

2.1.1.2　选出优秀的作品，在条件允许的情况下，尽量保证每位学生至少有一幅作品得到装裱。

2.1.1.3　提前联系好负责包装的年画作坊，也可请画师帮忙联系。

2.2　宣传以及场地布置

2.2.1　请广告公司设计宣传单、展板等。

2.2.2　与学校联络场地，如可以在学校设展，如在走廊中，让学生自由观摩；也可在封闭的空间，如年画教室，可以定期开放等。

2.2.3　准备年画的相关知识，如起源、特色、作用等，让参观者对年画有更深的了解。

2.3　时间：利用学校的特别节日，如"六一"儿童节来举行展览

2.4　邀请对象

2.4.1　校内人员：全体学生、老师。

2.4.2 校外人员：组员的家长、社区其他居民、画师等。

2.5 活动现场

2.5.1 邀请学校、社工站领导致辞。

2.5.2 邀请年画班成员担任小讲解员，家长担任志愿者。

2.5.3 设置留言簿、小卡片，参观者可将意见、感受等写下。

3. 实施留意事项

3.1 注意小学生的身高特点，年画不能摆放得太高。

3.2 在每幅展览作品中附上作者的信息，以增强组员的自信心。

3.3 尽量保证每位组员有一幅作品。

4. 专业反思

作品展览与学生的关系：年画展览本身是"标"不是"本"，最重要的目的在于让同学们参与，展现学生们的潜能，社工们在筹划展览的过程中，可以积极邀请学生参与共同设计、布置等，让学生真正参与其中。

参考文献

1. 王丽慧：《提升文化品位：建设和谐社区的当务之急——关于长春市社区文化建设的思考》，《才智》2008年第8期。
2. 白杨、巴登尼玛：《学校与社区互动要素探究——基于四川藏区学校与社区互动的考察分析》，《民族教育研究》2012年第6期。
3. 李勇：《教师团体心理辅导》，科学出版社，2008。
4. Kolb. David. A., 1984, *EXPERIENTIAL LEARNING*：Experienceas The Source of Learning and Development，Englewood Cliffs. N. J.：Prentice Hall.

附录一　儿童年画项目画师合同

甲方：兴隆学校社工站

乙方：

为促进兴隆学校社工站儿童年画项目顺利开展，经甲乙双方友好协商，对以下内容达成一致意见并承诺自愿严格遵守。

1　甲方的权利和义务

1.1　甲方向乙方提供年画绘画技培训课程中所必需的教具及授课环境，包括教室、画具等材料。

1.2　甲方有权知晓乙方所提供的课程内容，可就项目的需要提出建议，并有权全程记录授课过程，记录包括拍照、摄像、录音等形式。

1.3　甲方拥有在年画画技培训期间产出的学生作品（包括课堂作业、家庭作业、培训结束后完成的结业作品）的所有权。甲方有权处理所有年画画技培训期间学生产出的作品，并与校方共同协商如何处理这些作品，其所得将用于对学生有利的活动上。

1.4　乙方若按照甲方要求在指定日期及地点内完成服务，甲方须向乙方支付人民币 1000.00 元（壹仟元整）作为劳务补贴费用。此费用在服务完成后五天支付。

1.5　甲方对于乙方在年画画技培训教室外发生的人身财产安全事故不负任何责任。

2　乙方的权利和义务

2.1　乙方有权了解本期培训的背景及目的。乙方可按照自己的设计并在取得甲方同意下进行授课，乙方在取得甲方同意下，可针对学生的需要和课程进展情况做出适当、有效的更改或调整。

2.2　乙方授课时间计划为_____年____月____日至_____年____月____日（共计 15 天），每天早上 8：30～10：30（2 小时）。若

因不可预计的情况（如天气）及乙方的个人原因未能按原定的计划上课，乙方须顺延或调整上课日期和时间，直至完成30小时上课时间。

2.3 乙方有权了解年画画技培训期间产出的学生作品（包括培训结束后完成的结业作品）的去向和用途。

2.4 乙方不得将年画画技培训期间产出的学生作品私自带走作为他用，若有特别需要，须经社工的同意。

2.5 乙方有权处理年画画技培训期间自己的课堂作品，但不包括指点学生后，学生完成的作品。

2.6 乙方若按照甲方要求完成服务，有权获得甲方提供的人民币1000.00元（壹仟元整）作为自己提供服务的补贴费用。

3 其他

3.1 其他未尽事宜由甲乙双方共同协商解决。

3.2 针对以上"乙方的权利和义务"中的第三条，若出现意外情况导致不能按计划进行年画画技培训，则缺失的课时须在____月____日前补足。

3.3 本协议附件与协议正本具有同等法律效力。

3.4 本协议一式两份，双方各执一份，具有同等法律效力。

3.5 本协议效力自_____年____月____日起至第一期年画画技培训结束止，自签署之日起生效。

甲方签字（盖章）：　　　　　　　　乙方签字（盖章）：

　　　　　　　　　　　　　　　　　身份证号码：

日期：　　　　　　　　　　　　　　日期：

附录二 儿童年画项目学员监护人协议书

甲方：兴隆学校社工站

乙方：（学员监护人姓名）

为促进兴隆学校社工站儿童年画项目顺利开展，经甲乙双方友好协商并征求乙方被监护人个人意愿，乙方自愿同意被监护人接受甲方提供的儿童年画项目第一期培训并参与儿童年画项目后续工作。甲乙双方对以下内容达成一致意见并承诺自愿严格遵守。

1 甲方的权利和义务

1.1 甲方向乙方被监护人免费提供年画画技培训服务，时间为_____年____月____日至_____年__月__日（每天上午8：30～11：30）。

1.2 在年画画技培训服务期间，甲方免费向乙方被监护人提供培训基本所需材料，包括画笔、颜料、宣纸及其他相关物品。

1.3 在乙方被监护人参加年绘画技培训过程中，甲方尽最大能力保护其人身财产安全不受侵犯。

1.4 甲方向全程参与完年画画技培训的学员颁发结业证书。

1.5 甲方拥有在年画画技培训期间产出的作品（包括培训结束后完成的结业作品）的所有权。甲方有权处理所有年画画技培训期间乙方被监护人产出的作品，但不得将这些作品用于营利性用途。

1.6 在社工站年画画技培训期间，若没有征得当值工作人员的同意，孩子私自外出发生意外事故，甲方不承担任何责任。

2 乙方的权利和义务

2.1 乙方有权了解培训的安排、具体内容并有权对项目的开展提出意见。

2.2 乙方有权了解年画绘画技培训期间产出的作品（包括培训结束后完成的结业作品）的去向和用途。

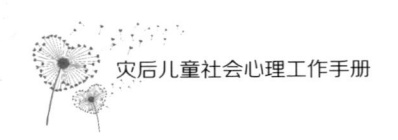

2.3 乙方应积极配合甲方督促被监护人全程参与该期年画画技培训，如乙方被监护人需要请假，乙方须向甲方提供书面说明（紧急情况时，可先提出口头说明，但须在事后提交书面说明）。

2.4 乙方负责监督被监护人完成培训期间的家庭作业，并在每次的作业上签字。

2.5 乙方须每天按时接送被监护人，乙方被监护人在参与年画画技培训的上学、放学路途中，乙方须全程保护被监护人的安全，若出现安全事故，甲方不承担任何责任。

3 其他

3.1 其他未尽事宜由甲乙双方共同协商解决。

3.2 本协议附件与协议正本具有同等法律效力。

3.3 本协议一式两份，双方各执一份，具有同等法律效力。

3.4 本协议效力自_____年____月____日起至_____年____月____日止，自签署之日起生效。

甲方签字（盖章）：　　　　　乙方签字（盖章）：

身份证号码：

与（学员姓名）关系：

日期：　　　　　　　　　　　日期：

附录三 学员承诺书——我的承诺

我，_____，愿意在年画项目培训课程中积极参与、坚持到底，并尊重老师和其他学员。在学习过程中，我会勇于接受挑战、不会轻易放弃，希望家长、老师、社工见证并支持我。

学员签名：

日期：

附录四 "延绵兴承"——儿童年画项目建议书

1 工作时间表

项目阶段		时间	工作内容	备注
第一阶段	筹备期	2009.6.1~7.6	项目策划和准备阶段：制订计划、招募组员、联系学校及年画培训师、采购物品	
第二阶段	初创期	2009.7.7~7.22	组员能力建设阶段：分为聘请年画培训师到社工站为第一批小组成员进行绵竹年画绘制技巧的集中培训，以及针对年画小组的学生开设团队建设社工小组	
		2009.7.25~8.10	初步成果产出阶段1：鼓励并培养学生自主创作年画作品的能力，为制作第一批纪念礼品做准备	
		2009.8.10~8.25	初步成果产出阶段2：社工选拔可以用以制作纪念礼品的年画作品，并与学校充分沟通，选择适合在兴隆学校新校落成暨开学典礼上作为献礼的学生年画作品以及礼品形式	
		2009.9.1	实现作品价值阶段：学生用自己设计的年画作品作为礼品在兴隆学校新校落成暨开学典礼上向学校献礼	
第三阶段	发展期	2009.9.1~12.30	继续鼓励组员设计作品，开发礼品种类，其间可将部分纪念品赠予需要感激的机构或部门，了解项目成效，以评估项目是否需要继续推进	
第四阶段	成熟期	2010.1.1~	深化作品价值阶段：年画礼品逐步形成一个系列，项目组有成熟的义/拍卖渠道，形成以专项基金为基础的独立运作机制	

2 活动内容及方式(组员能力建设阶段)

2.1 年画绘制技巧培训班:聘请绵竹地区专业的民间年画师对第一期组员进行集中式的年画绘制技巧培训。

2.2 年画小组团队建设小组:由驻校社工及香港理工大学社会工作硕士(中国)课程实习生合作,针对参加培训班的学生开展团队建设小组,帮助他们提高相互合作以及创造性的能力。

3 财政预算(以一期年画小组计算,单位:元)

序号	项目	单价	数量	合计	备注
1	美术用具	100.00	25	2500.00	为处理因学生年龄过小而可能造成的损耗,须预留一定数量的美术用具
2	授课	—	15	1000.00	画师以部分减免授课费的形式参与项目组
3	观摩学习	750.00	2	1500.00	包车 AA—BB 往返一次 500 元×2 次 参观餐费 10 元每人次×25 人(含工作员)×2 次
4	制作纪念品	—	—	3000.00	包括对学生作品进行装裱、制作纪念品所需的制作费用等
5	其他费用			2000.00	机动费用,或作为学员购买意外保险之用
	合计			10000.00	

4 预计会出现的困难及解决方案

4.1 暑期学校板房可能因新校舍施工进展迅速被拆或被卫生院占用,造成活动场地缺失。

解决办法:尽最大努力与学校协商,争取至少一个可供学生学习绘画的活动室。

4.2 培训过程中家长对子女安全的担心。

解决办法:与家长签订安全协议,并为参与项目的成员办理意外保

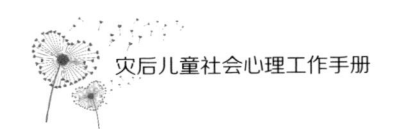

险，将风险成本降到最低。

4.3　中途可能有组员退出项目。

解决办法：与组员深入沟通，了解退出项目的根本原因，运用各种办法给予解决，实在不能解决，可考虑招募新组员，并给予适当的培训。

4.4　作品拍卖阶段，工作人员可能找不到合适的拍卖会。

解决办法：请督导老师或是联系其他各种商场、画坊等商家帮忙爱心义卖。

4.5　成立年画组基金会时遇到各种未知管理困难。

解决办法：学习基金会的各种管理知识，向其他有经验的基金会讨教。

5　评估方法

5.1　实物评估。

5.1.1　考察儿童年画项目组设计并制作的礼品种类、数量。

5.1.2　每次义（拍）卖获得的善款数量。

5.2　访谈评估。

5.2.1　画师：经过培训的组员初步具备了绘制绵竹年画的基本功底，并有一定的创造力。

5.2.2　项目组学生：对项目组的归属感、自我的成就感。

5.2.3　家长：对项目的了解程度；对孩子的支持程度。

5.2.4　老师：对项目组的知晓程度。

5.2.5　受赠方/参与义（拍）卖的爱心人士：对礼品的满意程度，对项目本身的感受。

附录五　暑期年画项目小组教案

授课人：画师

节数	主　题	内　　容
1	概述、认识	绵竹年画的传统制作概述、分类、木版、印刷、历史背景等 色彩的认知度（冷、暖）；调色的方法；用笔的方法；颜色在毛笔中的饱满度；水分在毛笔中的饱满度
2	分色	强调它在冷暖、色差上的视觉冲击力 冷暖色系的搭配；喜鲜色系的主调
3	运用色彩	块面色彩怎样运用 画面的工整度 不跑色、不跑水 笔头搭笔的正确方法 平涂方法
4	角色分类画法	文武官的画法、对应色彩（讲解、用色） 辟邪、神话人物的画法、讲解
5	性别色彩画法	门神里的女将、神话里的仙女色彩运用 讲解：男女呼应的色彩运用
6	组图色彩搭配	单个人物、两个人物一组的色彩搭配运用，三个以上六个以下的孩童组图中掌握一些色彩的搭配运用
7	分染画法	色、水、笔的正确握姿 色、水笔饱和度，分染的正确方法
8	墨的分染画法	色、水、笔、纸、墨的运用 墨、笔的比重，清水、笔的比重 分染方法（结合第7课）
9	描笔运用	墨线、白线的勾法（讲解） 正锋与侧锋的运用 握笔的稳定性 为什么要勾白线（结合第2课）

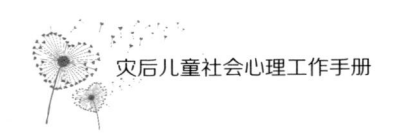

续表

节数	主 题	内　　容
10	勾花	先在空白的纸上练习勾花（勾花的种类） 熟练的可在前期的年画模板上勾画 结合第9课的第三、四项内容
11	踏金	金、银的用法 踏位的地方（结合第10课）
12	脸、手分染	用色、调色 色、笔搭配，色、水搭配 动作快、不跑水、不跑色、颜色干净、不脏、不乱 位子的准确性（结合第7课）
13	填水角	讲解一些填水角的知识，多了解、多认识年画的画技种类
14	年画村探访	培训内容：到遵道年画村传习坊观摩从清朝至今发展的年画种类、画法

第6章
儿童经济援助

许传蕾*

概 述

1985年，中国确定人均年纯收入200元作为贫困线，此后根据物价指数，逐年微调。贫困线之下，还设置了收入更低的绝对贫困线。据官方统计，截至1996年底，中国农村贫困人口6500万人，占全国贫困总人口的81.25%（全国城乡共有贫困人口8000万人，其中城镇1500万人），占全国农村总人口的8.87%，且分布高度集中在少数省份，如四川、云南、贵州、河南、河北等省（《2003年全国"两会"精神学习辅导》，2003）。按照中央政府2011年制定的贫困标准（农村居民家庭人均纯收入低于2300元/年），截至2012年，中国有1.28亿的贫困人口，占农村总人口的13.4%。

中国农村的贫困原因，包括自然灾害、环境破坏、疾病、教育费用昂贵、文化匮乏、政策偏向（王成新、王格芳，2003）。本文特别关注灾后贫困小学生家庭的经济援助。地震给当地居民带来巨大经济

---

* 许传蕾，女，香港理工大学社会工作硕士，初级社工师，2010年3月至2014年1月加入香港理工大学四川"5·12"灾后重建学校社会工作项目，先后在兴隆学校社工站、映秀小学社工站工作。

损失，使灾区百姓家中的房屋、家具等化为乌有，物质损失惨重。地震同时也破坏了当地农民赖以为生的土地，农民失去了生计来源。但生计模式的转变却面临位置偏僻、信息闭塞、基础设施不完善、经营经验不足等限制；灾后重建普遍给灾区家庭带来经济压力，另有一些家庭在地震前已经存在经济困难，如家中有老弱病患成员，劳动力不足，照顾病患成本高等，经济压力始终是家庭发展的瓶颈，而地震这一灾难使这些家庭的经济情况雪上加霜。

我国政府一向重视儿童青少年的成长与发展，对于存在特殊需要的贫困学生也制定了专门的政策来保障其基本权益。例如，2004年，教育部和民政部联合发布了《关于进一步做好城乡特殊困难未成年人教育救助工作的通知》，提出对持有农村五保供养证的未成年人、属于城市"三无"对象（无劳动能力、无生活来源、无法定扶养义务人或虽有法定扶养义务人但扶养义务人无扶养能力）的未成年人、持有城乡最低生活保障证和农村特困户救助证家庭的未成年子女以及当地政府规定的其他需要教育救助的对象提供救助。其救助目标包括实现救助对象中小学免费教育、两免一补、高中阶段提供必要的补助。我国从2005年春季开始在贫困学生中实施"两免一补"政策，免除国家扶贫开发工作重点县农村义务教育阶段贫困家庭学生的书本费、杂费，并补助寄宿生生活费；根据中央、省的有关政策规定，"两免"中的免费教科书资金由中央财政负担，免杂费资金由省、市两级财政各负担一半；"一补"资金，即贫困寄宿生在校住宿期间每生每天一元的生活费补助由县级财政负担。同时规定，享受"一补"资金的学生要从享受"两免"的学生中产生。这些政策从制度上保证了贫困学生的受教育权和基本的生活保障，对于农村贫困家庭的小学生来讲，有效缓解了他们求学的经济压力、使他们享受到了受教育的机会。但是，这些救助政策仍然不能更进一步改善贫困学生的家庭经济。并且，中国儿童福利在整个社会福利体系中相对边缘化，儿童福利救助缺乏稳固的制度保障以及进一步的政策创新（邓锁，2012）。

贫困问题对小学生有诸多的影响。在生理方面，贫困地区寄宿小学生的主要营养素摄取量普遍不够，特别是蛋白质、维生素 A 以及微量元素钙与锌（王婷、李文，2009）。在心理方面，他们在衣着、学习用品等方面往往不如其他同学，在与同辈群体比较时，可能会产生自卑心理；贫困的家长有时候也会觉得处处不如人，家长的心理也会影响孩子，贫困学生也因此更加觉得自己处处不如人。在人际关系方面，贫困学生也容易因贫穷、穿着不好而受到其他同学嘲笑，在人际关系上面临挑战和困难。本项目社工接触的几个贫困学生，就遇见以上类似的情况：上课铃响了，大伟还徘徊在校门口，社工仔细了解之后，才知道原来是因为他的书包（一个破皮箱）太破旧，他不好意思进学校，在社工借了一个新书包给他之后，他就愿意上学了。小丽因家庭贫困，不能像其他同学一样坐校车，而是由年迈的爸爸接送她上学，中午也吃不起食堂的饭，为此小丽经常被其他同学取笑，小丽总觉得自己不如别人，与同学交往特别敏感，总觉得别人在议论自己，等等。

为了回应贫困学生在身体、心理、人际关系、行为习惯等各方面的需要，使贫困学生能够更好地成长，社工可尝试以经济为介入点，支持贫困学生的发展。

行动表 1 进行筛查

1. 理念

本项目基于"助人自助"和"因地制宜"的理念，对贫困学生的经济援助不推崇直接捐助现金的方式。具体的操作可以是设立儿童发展账户，对贫困儿童提供救助（邓锁，2012），或以小额贷款的方式协助家庭。另外，项目在评估过程中致力于发挥家庭的优势、促进家庭经济

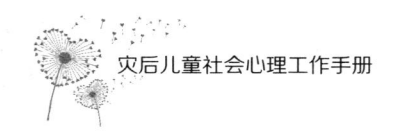

持续发展、促进学生生态系统改变。具体的考量包括以下方面。

1.1 以学生的成长为焦点。对于学校社会工作来说，直接的和最终的服务对象都是学生，学生的成长始终是我们关注的中心。由于家庭对学生的生活、成长会带来极大影响，而家庭的经济状况也直接影响学生的成长环境。因此社工除了将评估和介入的焦点放在学生身上，同时也要关注家庭经济的发展。

1.2 考虑长远发展，开拓家庭资源。社工要将家庭放在一个发展的脉络当中，不仅关注家庭当前的情况，也从长远的角度对家庭进行评估，要关注影响家庭发展的劣势和资源。例如，有的家庭在地震之后得到了政府、社会团体、爱心人士等的资助，短期内没有经济方面的需要，但是地震中这个家庭失去了主要的劳动力或者有家庭成员受重伤，这个家庭在将来就可能面临很大的经济压力。我们需要整体评估影响家庭发展的劣势和资源，从而制订出适合家庭发展的经济援助方案。

1.3 以生态视角为指导。学生的成长与家庭结构系统环环相扣，因此，社工想要服务于学生不可避免地要涉及其家庭情况、家庭生态系统状况。因此，在制订评估表格时，社工不仅要关注学生与主要家庭成员的关系，也要关注家庭成员的健康、工作等状况，还要关注家庭与社区的互动等。

2. 目标

2.1 考察当地居民日常收支状况，参考政府最低生活保障标准，制订援助标准；了解政府针对有需要的家庭已经提供的援助。

2.2 了解学校当中存在经济需要的学生。

2.3 初步了解学生及其家庭情况。

3. 主要行动

3.1 寻求政府支持。首先向政府了解贫穷家庭收入的界定标准和各村的具体情况。此外，镇政府有当地贫困家庭的名单、相关贫困家庭的信息档案，例如家庭基本情况、贫困程度、致贫原因、得到的救助等。在保密的原则下，社工可向政府申请得到有关信息。

3.2 寻求学校支持。一方面，很多学校都会有自己的学生信息统计表，包括贫困学生统计表，学校的统计表可以作为社工行动的参考；另一方面，学校负责学生工作的行政人员及班主任对贫困学生的情况也比较了解，社工也可以向他们了解学生的情况。

3.3 社工日常的观察和接触。社工在平常的工作中，也应注意观察，看哪些学生存在经济需要，并向村民了解情况（必须留意伦理考量）。

3.4 确定家访对象。社工整理以上三方面的信息，将贫困学生分为三类以便更进一步进行家访。

信息来源	是否贫困	是否贫困	是否贫困	是否贫困
政府	是	否	否	是
学校	是	是	是	否
社工	是	是	否	否
家访紧急程度	紧急	一般	不紧急	不紧急

4. 要避免的地方

4.1 跟校方及政府沟通时，需强调经济援助的对象是所有的贫困学生，不只是针对"因震致贫"的家庭，否则，他们可能会觉得社工只帮助因地震贫困的学生，致使在提供信息时疏漏其他有经济需要的学生。

4.2 为了保证资料的真实性，避免从单一渠道收集信息，将有限的资源发放给最有需要的家庭。例如，有些领取最低生活保障的家庭不一定是因为贫困，而可能是因为其他关系的原因。社工在收集资料时，

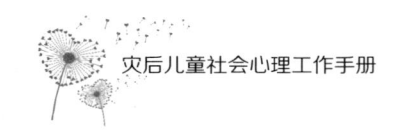

应该从接受援助的学生及其家长、学校、政府、村民、自己观察等多个渠道收集信息。

5. 伦理考量

保护服务对象的原则。"贫困学生"很容易变成一个标签，给接受经济援助服务的学生造成伤害，比如被同学嘲笑，因此，社工在收集资料的过程中，应当时刻注意保护学生及家庭的隐私，与老师、政府等相关人员合作，不公开学生的情况，避免村民对贫困学生及家庭进行议论。

6. 专业反思

6.1 从当地特点出发。每个地方的经济发展水平不同，因此援助标准应该是因地制宜的。社工在详细考察当地居民的收入及日常生活消费水平之后，将援助对象定为人均月收入等于或者低于150元的家庭。这比当地村政府划定的标准（约55元）高。

6.2 以关注学生成长为中心。应时刻了解学费、生活费、医疗费用在家庭经济发展中的比重。避免经济援助偏离促进学生成长与发展这一中心。

6.3 对学生家庭情况做全面的评估。一方面，评估地震后学生家庭的整体情况，例如家庭背景、家庭成员的结构关系、经济情况、学生成长和家庭发展的生态系统等，以整体地、发展地认识影响学生成长的家庭情况；另一方面，特别评估家庭的经济情况，细致了解家庭的经济需要、造成经济贫困的原因、发展经济的资源与优势等。

7. 主要资源

7.1 政府的名单，包括五保户、低保户等名单。

7.2 学校的贫困学生、孤儿、单亲留守学生名单以及班主任的支持。

7.3 村主任的支持、村民的支持。

7.4 社工的实地观察。

附录一《贫困学生家庭援助调查与申请表》

行动表2 家庭调查与商定援助计划

1. 理念

1.1 优势视角。在经济援助的过程中,社工以家庭的优势作为切入点,比如了解家庭是否擅长养牛、有条件养猪等,家庭的经济状况与能力,使援助的效益得以维持,避免使用一次性给钱的援助方式。

1.2 案主自决。对于经济援助的方案,决定权在学生家庭的手中,社工在进行经济援助的时候应尊重家长根据其具体情况做出的决定。

2. 目标

2.1 提高资源的使用效率,真正帮到有需要的学生和家庭。

2.2 用可持续的方式,帮助有经济需要的家庭发展经济,将经济援助产生的经济效益投到学生身上,从而改善学生的生活学习状况,促进学生的长远发展。

2.3 通过链接有心有力的爱心人士,向有需要的学生直接提供现金支持,改善学生的生活学习状况。

3. 主要行动

3.1 根据调查结果(详见行动表1),评估家庭是否符合援助标准。

3.2 对于符合援助标准的家庭,社工与家庭成员共同评估家庭在

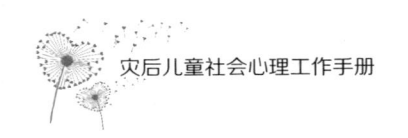

发展经济方面的优势与劣势，并在此基础上决定如何进行经济援助。

3.3 援助方式包括发展家庭生计和建立学生成长账户，采用哪种援助方式基于家庭发展的优势与劣势进行分析，包括以下几方面的思考。

3.3.1 资本是否足够，是否有土地可以用来种植、养殖或者开店铺等。

3.3.2 社会支持，是否有亲戚、邻里、政府、社会服务机构等的支持，可以在哪些层面给予家庭支持。

3.3.3 家庭成员的特点，例如擅长养殖、种植、经商等。

3.3.4 国家或者当地政策法规。

3.4 项目一般先考虑通过帮助家庭发展生计的方式来开展经济援助，因为这种方式能更持久地帮助家庭及学生。但是，如果家庭在发展生计方面优势不明显，项目就会鼓励家长采用学生成长账户的方式，在银行建立一个账户，家庭和社工站分别定期向账户中存入一定的资金（如一个月100元，为期一年之后双方注入总额为2400元），用于帮助学生的发展。家庭成长账户与直接给钱的区别在于，家庭需要承担一定的责任，避免造成对外来援助的依赖。但现实是，有些家庭由于疾病等原因，当前的收入维持基本生活已属困难，不能勉强家庭必须存钱。（详见附录二《经济援助案例汇总》）

3.5 商定援助计划后，就可以进行援助金的发放工作。为表示对资助方的尊重，发放援助金时应请家庭签署收据；另外，为了强调社工站与家庭双方的责任，双方签署资助协议也是必要的，协议内容根据援助内容和目的制订，可以包括家庭和项目双方的权利与义务、资助金额的说明、资助金的使用方式、保证资助金额或者资助金的产出能够运用于学生身上、资助金是否需要归还等。（参见附录三：家庭困难学生资助收据和附录四《项目资助协议》）

4. 实施留意事项

4.1 不轻易向服务对象承诺。社工掌握的资源是有限的,而经济援助亦需要经过细致的评估之后才能确定是否进行,如果进行筛查时贸然承诺提供经济援助,而最终却做不到,是一种非常不合伦理、不负责任的做法;不仅会伤害服务对象,也会影响社工与服务对象的关系。

4.2 避免不与校方沟通而单独行动。经济援助涉及经济利益,是一个较为敏感的课题,处理不好会影响家庭与学校的关系,因此,在进行调查及援助时,社工应当就援助方式、援助名义等与学校沟通。例如,校长建议社工以奖学金的名义资助学生,以避免其他认为自己有经济需要的家长觉得受到不公平待遇。校方与社工的理念未必一致,社工应当与校方在理念、目标等方面仔细沟通。

4.3 对于经济援助计划,应当避免社工与家庭之间进行过多的商讨,必要时务必寻求专业人士的帮助。专业人士给出的意见能提高援助计划的可行性并降低援助风险。

4.4 经济援助的开展应当避免过度重视程序和结果,忽视能力建设。面对一个家庭,社工除了评估收支、债务等情况,也需要对家庭经济困难的原因有所分析,分析是制度性的、资源短缺性的还是家庭经济能力欠缺导致的贫困。对于制度性的原因,项目要承认自己的角色与能力限制;对于资源短缺性的就可以尝试链接资源;如果是欠缺发展经济能力的(比如我们接触的一位家长的理财能力比较欠缺,对整个家庭经济发展缺少长远规划和整体部署,导致重复建设、资源利用率不高,使家庭更加贫困),社工可与家庭一起分析家庭收支情况,进行能力建设。

4.5 商定经济援助计划时,应避免信息的片面性。社工和家庭一定要从实际情况出发,考量的因素包括家庭的优势与限制、当地自然环境、当地的交通区位等。这些信息可以通过与家庭沟通、咨询当地专家等途径获得。我们有一个经济援助的案例,学生的家长有养猪的经验,

希望通过养母猪生小猪的方式改善家庭经济条件，可是母猪长大后总是无法受精，百思不得其解之后，向当地畜牧局咨询，才得知是当地的自然环境引起的。

5. 伦理考量

5.1 公平原则。在进行家访和确定援助对象时，一定要秉承公平的原则，按照援助标准进行。

5.2 案主自决。社工在进行经济援助时，有时会带着自己的专业目标和家庭对话。社工需要放下自己的需要和想法，细心了解家庭对于经济发展的期待和目标，尊重家庭的决定，考虑他们的需要。

6. 专业反思

在经济援助的介入过程中，社工一定要充分发挥"助人自助"的原则，调动案主家庭参与。如果只是社工主导，不注重能力建设，那么家庭就无法参与制订解决经济问题的方法，在社工结束援助之后，未必能提高其独立发展的能力。在这个过程中，帮助家庭分析贫困的原因、梳理自己的消费观念和方式对整个家庭经济的影响，分析现有资源（特长、支持系统等）、不同经济发展方式可能遇到的困难，皆有助于家庭经济的发展。面对经济个案，社工不仅要关注经济问题，更要从个案管理的角度，根据学生的需要，提供综合的服务，例如，在提供经济援助的同时，关注学生的行为习惯、人际关系、自信心等的改变。

附录二：经济援助案例汇总

附录三：家庭困难学生资助收据

附录四：《项目资助协议》

行动表3 跟进、评估及结束个案

经济援助金发放之后,社工应当及时把握援助计划的效果,如果是采用生计的方式进行援助,则需要跟进生计项目是否存在困难,以便更好地支持家庭及学生。

1. 目标

1.1 跟进经济援助的过程和效果,如有需要则提供进一步帮助。

1.2 保证经济援助及收益确实能帮到家庭,特别是要用在学生身上。

1.3 促进家庭在经济援助过程中能力的提升。

2. 主要行动

2.1 跟进

2.1.1 跟进的方式可以通过电话、家访的形式,或在其他方便家长及学生的地点面谈。

2.1.2 跟进的内容。

2.1.2.1 经济援助计划的进展情况,例如是否需要修订计划,社区环境或者政府政策等层面有无新变化,如何更好地开展经济援助。

2.1.2.2 家长在经济援助中的经验,例如计划实行过程中是否遇到困难、困难是什么、出现困难的原因、家庭尝试用何种办法解决、效果如何、这些经验如何运用于家庭今后的发展等。

2.2 评估

2.2.1 评估的内容以经济援助计划目标的实现程度为主。

2.2.2 评估的方式。

2.2.2.1 通过观察，评估生计项目看得到的成果（如小牛的长势等）、账户的资金情况等。

2.2.2.2 通过访谈，评估经济项目的效果，包括对于家庭经济的改善，例如，在当前市场行情下生计项目能够带来多少收入；家长在此援助过程中的经验与收获。此外，项目对于学生的影响，例如，是否使学生的生活水平得到提高、是否改善了学生的自我认知等。

2.3 结束

2.3.1 结案标准：与服务对象商讨，若经济援助计划的目标能够达成或者主要部分达成就可以结束。

2.3.2 结束过程。

2.3.2.1 家庭层面，做好评估工作，在评估的基础上，与家庭回顾整个经济援助的过程，总结当中的经验教训，肯定家长在当中的能力提升等。

2.3.2.2 学生层面，与学生一起总结自己的成长和变化。

2.3.2.3 与学生及家庭确定个案关系的结束。服务对象通常不会将工作关系和私人关系分得很清楚，因此，社工在表达个案关系结束的时候，没有必要过于坚持划清界限，伤害服务对象的感情；社工可以说明经济援助已经结束，社工不会再像以前一样频繁联系，但是欢迎他们必要时与社工联系。

3. 要避免的地方

3.1 跟进与评估是经济援助过程中的重要环节，社工应当避免重视需求评估、计划商定环节，忽视跟进与评估的环节。

3.2 在跟进家庭时，避免不事先联系（例如通过电话、学生带话等）就贸然进入家庭，造成对家庭的打扰；若遇到家中没人的情况也会影响社工的工作效率，增加工作成本。

3.3 在进行经济援助前不设立具体目标，导致评估部分很难完成。

3.4 没有制订评估表，导致评估工作比较随机。

3.5 如果学生家长较多用方言、不用普通话，外地社工应避免只身前往，可以请学生或者熟悉本地语言的同工做翻译。

3.6 在跟进、评估和结束的环节，应当避免社工做主导。社工应当是逐渐后退，才能更好地帮助服务对象提升能力，达到培训的目的。

3.7 社工在经济援助的过程中，应当与家庭一起评估可能的风险和确定预防措施和解决办法。

参考文献

1. 邓锁：《儿童福利与资产建设：兼论儿童发展账户在中国的可行性》，《中国社会工作研究》2012年第8期。
2. 王婷、李文：《贫困地区农村寄宿小学生营养现状及影响因素分析》，《宁夏师范学院学报》2009年第30期。
3. 王成新、王格芳：《我国农村新的致贫因素与根治对策》，《农业现代化研究》2003年第5期。

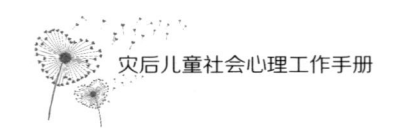

附录一 贫困学生家庭援助调查与申请表

编号：＿＿＿＿＿＿＿＿

步骤：

1　发现需要：社工通过与学生、家长、老师、校长接触发现有需求的贫困个案。

2　贫困界定：社工站通过向当地镇政府相关人员了解及结合映秀当前整体经济情况，界定家庭中人均月收入低于 150 元的家庭为潜在的资助对象。（映秀镇政府规定的最低生活保障标准为：城镇居民为 123 元，农村居民为 55 元）

3　评估方式：通过学校进行家庭经济状况初步筛查（行动表 1）（或找学生班主任及相关老师收集资料）；到当地镇政府收集评估资料，如索取贫困家庭名单，或由政府确认学校的筛查结果；社工找家长了解情况，收集家庭经济贫困资料（以家庭发展需要为调查基础）；知会校方社工站的调查结果，社工填写申请书；呈交申请书等待审批。

以上申请流程要在 4 周内完成。

学生家庭经济状况调查表

收入（按月计）		
	父亲	
	母亲	
	其他	
	总计	
支出（按月计）		
孩子开支方面		
	生活费	
	教育费	

续表

交通费	
医疗费	
零花钱	
电话费	
其他	
家庭开支方面	
房屋（如租房、建房、买房）	
柴、米、油、盐	
电话	
医疗	
交通	
其他	
总计	
目前欠债状况	
生意	
医疗	
房屋	
其他	
总计	
目前存款和其他收入	
政府补贴或赔偿	
非政府机构资助	
现有存款	
其他	
总计	

家庭目前解决经济困难的策略/办法：

家居环境评估（如奢侈与否？装修、家具、电视、冰箱、计算机、汽车。卫生整洁与否不在调查范围之内）

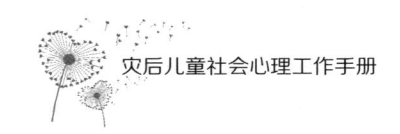

贫困学生家庭资助申请表

学生姓名		学校		年级	
家庭住址					
家庭状况					
经济状况					
政府援助情况					
其他慈善机构经济援助情况					
评估结果					
资助方案设计及资助金额					
项目主任意见					

附录二 经济援助案例汇总

援助类别	援助学生及其家庭情况	发展家庭经济的方式	金额（元）	效果评估（经济效果、有关的学生成长需要、家庭经济社会地位）	资金来源
发展家庭经济	大伟家里有五口人。其中，奶奶、妈妈和爸爸为智障人士；爷爷是家庭支柱，擅长养牛	养牛，希望通过牛生牛的方式帮助家庭发展经济。目前，小牛成长状况良好	1000		基金会
	小琴父母离异，跟妈妈和外婆一起生活。妈妈、外婆和她都有神经性肌肉萎缩疾病，家庭收入靠妈妈做零工以及亲人的零星帮助	商讨的计划是资助妈妈开一个水果摊，但是没能实现	1000	没实现	基金会
	阿琨的妈妈在地震中遇难，爸爸在外务工，生活起居依靠年迈的外公、外婆。外公擅长养猪	养猪和鸡	1000	初期长势良好	基金会
	婷婷的妈妈为精神病患者，社会功能退化严重，无劳动能力。家里有兄弟姐妹三人，还有奶奶，生活来源靠爸爸打零工和务农	养猪	2000	猪长大了，可是不能生育。后决定杀猪，一部分收入用于购买仔猪和跑山鸡以及改善生活	香港红会联系的爱心人士
建立学生成长账户	阿伟		1000		基金会
	小强		1000		基金会
	小明		1000		爱心人士
	小雪		1000		爱心人士

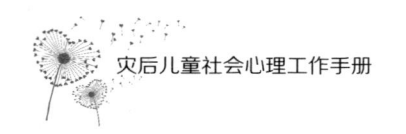

附录三　家庭困难学生资助收据

兹从香港理工大学学校社工站收到（<u>基金会名字</u>）资助的人民币_____元整，作为资助（<u>学校名字、班级、学生名字、学号</u>）一年的学习及生活费用，特此签收。

家长姓名：_____

身份证号码：_____

家长签名：_____

学生签名：_____

负责社工姓名：_____

日期：____年____月____日

附录四　项目资助协议

(受资助学生家长姓名)：

　　你好！根据学校社工站针对_____家庭的调查，现发放由（<u>基金会名字</u>）提供的经济资助金 1000 元，用于购买一头小母牛，通过牛生牛的方式发展家庭经济，并将资助部分的收入所得全部用于支付（<u>学生名字</u>）的个人学习与成长费用。这项资助由社工站于（<u>日期</u>）以现金的方式支付给（<u>学生名字</u>）所在家庭，希望在 60 天之内将小母牛买回家饲养。并且，在小母牛产仔出售或将所购小母牛出售后，应将本项资助资金归还社工站，由社工站再行决定该资金的支配。

　　学生监护人签字：　　　　　　　学校社工站签字：

　　　　签章　　　　　　　　　　　　　签章
　　___年___月___日　　　　　　___年___月___日

第7章
灾后教师服务

黄 皓[*]

概 述

震后，许多灾区学校的教师经历了强震带来的冲击和创伤，自身也成为灾民，经历着丧失亲人的痛苦和磨难。地震发生后，幸存的他们第一时间投入灾难救援中去抢救被废墟掩埋的学生。灾区教师在地震中受到不同程度的精神损害和财产损失，震后繁重的工作压力和巨大的生活压力也使教师群体长期处于压力较大的状态（梁斌、苏春蓉，2010）。其中有18.7%的教师出现了创伤后应激障碍的相关症状；47.8%的教师受到了明显的灾害冲击影响（游永恒、张皓、刘晓，2009）。地震灾害发生后，灾区学校教师除了继续教书、管理学生外，还要做好学生的心理疏导工作，成为学生的心理调节者和心理治疗者，抚慰学生受伤的心灵、缓解因地震及一系列次生事件带来的身心压力。教师的心理状态对灾后学生的心理康复有极大的影响，教师在学校心理健康教育和学生心理康复方面起着十分重要的作用。然而，震后学校教师同样存在着大

---

[*] 黄皓，男，香港理工大学社会工作硕士，中级社工师，原香港理工大学四川"5·12"灾后重建学校社会工作项目社工。

量的社会心理方面的需求，存在着巨大的精神压力问题（刘立祥、沈文伟，2012）。可惜的是相关的支持与服务十分不到位。

大地震发生以后，社会各界纷纷行动起来，积极投入抗震救灾之中，人们普遍将关注重心集中在学生和家庭身上，各种物资和现金都指定用于学生或是学校的重建，缺乏对教师的关注，加上当时出现的"范跑跑事件"，也将教师这个群体推上了风口浪尖。教师拥有双重的社会身份，一方面为人师表要坚守工作岗位，引导学生走出地震造成的心理阴影；另一方面教师同样也是父母和子女，他们的家庭同样遭受重创，但却要"舍小家顾大家"。据四川省教育部门的统计，在"5·12"汶川大地震中四川全省近一万所学校严重受损。地震给灾区教师带来了巨大的冲击和影响。其中汶川县映秀小学原有教师46人，其中20名教师遇难，5人受伤，整个学校被夷为平地；绵竹市汉旺学校共有15位教师遇难，15位老师受伤。在中国科学院的调查报告中，汉旺学校173名教师中18位有自杀倾向。教师群体迫切需要得到社会各界的理解与支持，进而缓解压力，放松身心。根据本项目社工和灾区学校教师的互动、调查与评估，发现教师们在震后面临的压力主要来自工作、生存、社会和人际关系四方面。

1. 工作压力

教师在地震发生后，工作量增加，灾后学生的升学压力、安全问题更加凸显，在震后特殊敏感时期，学生出现任何小问题都可能会引起家长、社会的巨大反应，老师们的压力增加，精神高度紧张。在复课最初的半年时间内，老师们的工作量是地震前的几倍，但是却面临休息不足、客观工作条件极其恶劣等问题。

2. 生存压力

大地震发生时，很多教师亲身经历了自己的同事、学生甚至是亲人

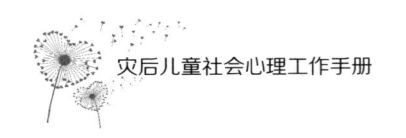

的离去，面对频发的余震，他们在担心学生安全的同时，也担心自身的安全。有教师向社工表示，当余震发生时他还是会心惊胆战，充满恐惧。

3. 社会压力

大多数爱心人士认为教师有工资，所以将几乎所有的捐助全都给了学生，社会各界在灾后对教师的关注度不够，震后没有一个慈善基金会是专门援助教师的；加上学生是在地震中伤亡比例较大的群体之一，自然引发了社会对学校及教师的各种批评，这无疑增加了教师的社会压力。

4. 人际关系压力

由于部分教师在震后掌握资源分配的权力，难免在分配资源时出现不均的现象，教师之间为争取资源可能会相互交恶。不同学科教师之间，还可能会因为主科、副科的地位变更而关系紧张。此外，在教师伤亡严重的学校，由于新进的教师并没有亲身经历过地震，其想法与经历过生死考验的教师存在不同，或多或少地导致了教师们之间出现人际关系压力。

综上可知，学校教师所承担的压力和负担，需要得到社会各界人士的关注与支持。本项目自 2009 年起，针对教师的压力开展了多项服务来回应他们的需要。本章正是教师服务的具体工作经验总结。

行动表 1　与教师建立与维持关系

1. 理念

社会工作专业关系的建立是社会工作服务顺利开展的前提条件，专业关系的建立有利于深化、增强社会工作效果，提高社会工作者的影响力，使社工的服务更易于见效。良好的专业关系可以为受助者提供安全的环境，使受助者能够有机会更好地审视自己，分析问题的成因，学习和寻找解决问题的方法。在一定意义上，良好的专业关系本身对受助者的情绪和心理具有治疗作用（王思斌，2004）。

美国心理学会的两位专家 Assay 和 Lambert（1999）在20世纪80~90年代针对约2000位患有焦虑症和忧郁症病人心理治疗的研究发现，对案主治疗效果影响最大的并不是治疗模式和技巧，而是一些基本的共通元素（common factors），其中包括治疗以外的改变元素（40%）、治疗关系（30%）、安慰剂（如希望）（15%）以及治疗技巧（15%）。治疗关系指的是一些贯穿于不同模式中的基本元素，如同理心、真诚、温情等（叶锦成，2011）。在地震发生后的紧急介入阶段，援助者以专业治疗师的身份进入灾区，生搬硬套治疗模式未必奏效，甚至会引起反感（Sim，2011）。相反，如果能放低姿态，真诚地陪伴受灾教师，倾听他们的心声，可能会起到更好的效果。

2. 目标

通过与教师建立并维持关系，为介入教师灾后情感障碍、缓解其精神紧张和精神压力搭建平台，以促进教师以更好的精神面貌投入日常工作、生活中去。同时，也为社工在学校顺利开展社会工作服务奠定良好的基础。

3. 主要行动

3.1 需求评估

3.1.1 进入学校管理系统

灾后与学校建立合作关系是社工开展工作的关键，社工需要在前期与主要利益相关者（key stakeholders），特别是要与校长、副校长、主任等中层以上的领导建立关系，只有让他们先认识和了解社工的角色和

功能，才能为接下来的服务奠定基础。

3.1.2 与教师建立信任关系

在震后板房复课阶段，大多数教师住在学校，这给社工详细了解教师受灾情况提供了更多的时间和空间。社工可以利用晚间课后走进教师宿舍，特别是去陪伴那些在地震中丧失亲人的教师，给予他们鼓励和支持。社工可以通过一些很"本土"的方式，例如喝酒、玩牌、打球、"摆龙门阵"（聊天）等方式与教师建立信任关系，慢慢让教师打开心扉，讲述自己的故事。

3.1.3 资料收集

在建立关系的过程中要注意收集教师群体的相关资料，这些资料包括：

哪些教师在灾难中丧失亲人？

哪些教师在灾害中有重大财产损失？

哪些教师在参与救援过程中多次目睹受难者离世的场景？

哪些教师在灾后的行为与灾前有较大差异？

社工可以根据以上收集的资料为关注教师群体打下基础。

3.2 前期准备工作和招募

除了以上需求评估外，社工要有一定的与教师群体接触和建立关系的知识储备和心理准备。

3.2.1 在知识储备方面，社工对灾害的心理反应（如灾后应激反应）必须有所掌握，以增加对有需要的群体的了解和便于转介。了解教师群体所在地的文化习俗（比如有无禁忌或爱好）也不可或缺。

3.2.2 在心理准备方面，社工在同教师群体接触的早期可能会吃闭门羹、可能难以被教师群体接纳，面对教师灾后的应激反应可能会有无力感和无所适从感。

3.2.3 社工要运用无条件、真诚的倾听和同理回应等专业咨询技巧。

3.3 实施留意事项

3.3.1 若学校的教师群体对社会工作专业不了解的话,在建立和维持关系的过程中要适当开展一系列活动,使教师认识什么是社会工作,社会工作有哪些功能和局限性,社会工作者的训练和角色等,这样才能够更好地建立并维持与教师的关系。例如社工可以在课间主动向教师群体介绍社工、制作工作简报并在教师群体中传播、邀请学校领导参与相关的活动等,通过这一系列活动来加深教师群体对社工的认识,从而为后续的工作开展奠定基础。

3.3.2 在与教师建立和维持关系的过程中,教师之外的其他相关群体也是社工关注的服务对象,例如学校的后勤、安保人员等,同这些群体建立和维持良好的关系也是社工顺利开展工作的重要前提。

3.3.3 社工在同教师接触初期,由于对教师所遭遇的具体情况了解有限,不宜为其问题提供有效的建议和解决方法,社工此时可以通过倾听和陪伴的方式来建立信任的关系。这可能就是最好的干预了。

3.3.4 与教师群体接触初期可以通过一些活动的开展,邀请教师群体参与,增加社工与教师之间的互动,在互动中建立彼此的信任关系,为接下来的正式工作关系奠定基础。

3.3.5 社工在与教师群体建立关系的过程中要避免陷入盲目的专业自我,避免把社会工作的专业性看得过重,忽视对老师们的专业考量(特别是对学生需要的不同看法)。

4. 伦理考量

在同教师接触和建立关系的过程中要注意保密原则,收集到的教师相关信息和各种资料要注意保密,不能随意透露给第三方。

5. 专业反思

5.1 在与教师群体建立和维持关系的过程中，社工要注意放低身段（one-downposition），以便能够了解教师们在灾后工作的挑战，并始终以平等尊重的态度对待教师。一方面以朋辈的身份和教师建立关系而不是坚持专业人员的身份，另一方面维持专业态度。这个平衡和考量在资深教师和年轻社工之间尤其重要。例如在社工与教师的关系发展到一定的阶段时，可能会出现一些教师要求社工为自己做一些私事的情况，例如，利用社工站的设备为私人打印资料、将社工站当成休息娱乐的地方等，这些都会严重影响社工的日常工作，社工需要在适当的时间和空间有技巧、有礼貌地向教师表明专业的态度和看法。在表达时需要注意方式、方法和语气、态度。

5.2 酒文化在内地的人际关系中发挥着十分重要的作用，如何掌握喝酒是一门学问。本项目在与学校的多次合作中总结出，喝酒到一定的层面（喝好但没有喝醉）能有效帮助与学校教师建立个人关系，但如果喝酒过量，只会适得其反。

行动表 2　教师团体康乐类服务

1. 理念

康乐的英文原义是 Recreation（再造），第二次世界大战以前叫"娱乐"。台湾改称为康乐，康乐的英文是 healthy（健康）and happiness（快乐），顾名思义就是健康的、放松身心的、有助于身心健康的、快乐的娱乐活动。康乐活动往往是一些让参与者能够获得快乐的活动，能令参加者身心愉悦，并能促进与他人的关系，学习各种知识与技能（张莉萍，2009）。灾害发生后，教师群体往往面临巨大的工作和生活压力，严重缺少娱乐放松的活动，除了部分教师利用周末相约一起喝茶、打麻将以外，几乎没有其他的娱乐活动。社工在和教师们聊天后发现，部分教师表示学校组织的活动无外乎就是将大家带到一个地方，吃完饭以后就打麻将，没有新意。

震后四川灾区有段时间曾经流传这样一句话："防火防盗防心理辅导。"可见心理辅导给灾区民众留下的印象是不理想的。究其原因，可能是因为震后来自全国各地的机构、个人纷纷打着心理辅导的旗号进入灾区，但很多都没有办法回应居民们切实的需要。其中有些只是进行访谈，在收集数据资料后，得出一些结论和分析，却没有为居民提供具体的、实在的服务。更有训练不足的义工，好心做坏事，不断地"揭伤疤"，给受灾群体带来"二次伤害"（Sim，2009；Sim，2011）。本项目社工在这样的环境下不积极运用心理治疗/辅导，转而利用团体康乐辅导的形式介入，收到了不错的效果。张莉萍（2009）认为团体康乐辅导的目的是"团体健康快乐，其中包含团体的身体健康和心理健康，使团体成员产生快乐的气氛和感觉"。项目自2009年起总共开展了4个关于教师康乐类的服务，其中汶川县映秀小学社工站2个，绵竹汉旺学校社工站1个，绵竹兴隆学校社工站1个。

相比于传统的心理辅导团体康乐辅导的优势在于以下几个方面。

1.1 服务面向的是群体而不是单个个体。

1.2 相对于专业咨询、个人访谈，教师更愿意接受康乐性活动。

1.3 康乐性的活动内容能让教师们切实地、直观地感受快乐，达到放松和减压的目的，能回应教师最急迫的需要。

2. 目标

通过团体康乐辅导的形式，减轻教师压力、放松身心，达到精神健康的目的。

3. 主要行动

3.1 需求评估

3.1.1 资料收集中需要注意的地方

在行动表1中提到,社工在与教师建立了信任关系以后,教师会慢慢地向社工讲述他们自己的故事。社工务必从中了解教师们在身、心、人际、工作、家庭等方面的需要和压力。

3.1.2 查阅文献,全面分析

单纯通过与教师互动得来的资料不能全面掌握情况,社工需要通过查阅相关文献了解教师在创伤后应激障碍的一些相关症状:例如极重灾区的教师受到的影响显著高于重灾区的教师;地震应激事件造成的创伤使部分教师出现许多负面心理体验,如内疚、压抑、失去信心、感到无意义等。社工要结合相关文献,将自己收集到的一手信息进行提炼分析,这样才能更全面地得出教师的需要主要集中在哪几个方面。

3.2 前期准备工作、招募和服务协调

3.2.1 准备工作

3.2.1.1 联系外部资源,为开展教师的社会心理健康服务提供经费保障。

3.2.1.2 利用课余时间走进办公室、宿舍与教师交流,了解教师的想法和需要(详见附录一《汶川县映秀小学老师"云南之旅"活动计划》)。

3.2.1.3 与学校领导、老师及工会保持紧密的联系,争取校领导、工会的支持。

3.2.1.4 积极做好筹备工作。

3.2.2 招募

3.2.2.1 社工通过与关系较好的教师保持紧密的沟通，与他们一起设计活动，鼓励他们邀请其他教师参与。

3.2.2.2 与学校领导、工会保持畅通联系，定时向校领导反馈进度，并邀请学校派专人负责组织招募工作及其他行政安排工作。

3.2.2.3 通过制作宣传海报，张贴在学校醒目的位置等形式，让全校教师都了解相关情况。

3.3 实施留意事项

3.3.1 在重要的节日（例如春节、清明节、中秋节等相关节日）来临时，要特别留意那些在地震中丧亲的教师可能出现的情绪反应。组织活动时必须留意节日对不同程度受灾老师的影响。

3.3.2 在进行前期的需求评估时，要听不同年龄段、不同岗位的教师的意见，获得一手资料以后要详细、反复地推敲，多与督导、同工讨论，以抓住教师们最迫切、真实的需要。

3.3.3 社工设计好活动以后，需要与学校相关负责领导和基层教师多次商量，最好能请几位教师共同负责，以确保设计的活动符合教师的需要。

3.3.4 尽量避免将社工与学校分离开，自顾自地设计活动，只是在活动开始前告知学校，会让教师感觉到不被尊重，导致参加活动的积极性低，无法达到预期的目的。

3.3.5 在前期的准备工作中，要明确人力分工，将各环节的准备落实到个人，确保活动开展期间不至于出现混乱的局面。

3.3.6 活动开展前，社工应提前将活动流程预演一遍，这样能知道在正式活动中会出现哪些突发情况，以便提前做好应对方案；也可以让辅助的工作员熟悉活动流程，以便帮助带领社工处理突发事件。

3.3.7 设计的活动要尽可能照顾不同年龄段的教师群体，应尽量避免有教师对活动缺乏兴趣，提前退场（详见附录二《绵竹市汉旺学

校教师欢享会活动计划》)。

3.3.8 康乐活动设计得要尽量简单、易学,参与性要强。例如最好有些简单的团队协作,以体现男性教师的作用,以避免部分男教师因觉得无聊而退场。

3.3.9 年轻的社工要对自己有信心,不要觉得与教师之间在年龄、社会阅历上有差距,显得拘束,要充分地发挥自己的能力活跃现场气氛,其他辅助人员要多鼓励不太投入的教师,避免因部分教师不投入造成任务无法全部完成。

3.3.10 邀请学校带队领导作为活动组织者,请他们在活动开始前向教师宣布活动中的注意事项和相关的纪律,保证教师的参与和投入。

3.3.11 在开展具体的活动中,辅助者要做好倡导工作,多鼓励那些比较内向的教师参与,社工也可视现场互动情况多邀请那些参与度低的教师负责一些简单的组织工作。

3.3.12 在活动设计时间方面,要充分考虑学校教师这一特殊群体的需要。他们每周一到周五要上课,学校没有接到教育局的通知,不能随意停课,但可以由学校出面与教育局协调,如果参与教师人数较多,可以通过分批次参与的方式解决;部分教师住的地方离学校较远,在周末需要回家;另外教师在周末都希望能休息,不太愿意参与活动。故而应尽可能地将活动时间安排在周三或周四。

3.3.13 如组织教师外出活动,需要留意活动地点的天气情况,带好雨具与药品,购买意外保险,对可能出现的各种情况做好充分准备。

3.3.14 最好安排统一接送,确定教师到达活动场地时间一致,避免因等待导致活动效果不佳。

3.4 结束与回馈

在每次活动结束前,发放调查问卷,收集教师对参与活动的看法和感受；在活动结束后以非正式的方式，例如聊天，继续了解教师对活动的反应，以便评估服务目标是否达到。

4. 伦理考量

4.1 康乐类活动有时需要一些简单分享环节，社工在开始分享时要提醒全体教师为他人保护隐私，避免自己的隐私成为他人茶余饭后的谈资、造成不必要的伤害。

4.2 当有教师不愿意分享时，他人要尊重其选择，不要强迫任何人说话，强迫的态度反而会使康乐类活动的效果大打折扣，令一些老师特别是较内向的老师不适。

4.3 中午吃饭可能会安排喝酒。喝酒是中国的文化习惯，但如果饭后仍然有康乐活动，那么喝酒必然会影响当天下午的活动开展。这就要求社工事先做相关的讨论和安排，并根据当天的具体情况灵活调整。

5. 专业反思

5.1 专业元素：在设计康乐类的服务活动时，社工首先需要明确该类活动的专业目的、元素，否则就与其他非专业人士、志愿者安排的康乐类活动没有区别。

5.2 组织技巧：社工组织康乐类活动时应具有相关的组织技巧，以便老师有更多的反思，例如，怎样提问、怎样回应、在什么时候回应等都需要社工在实务工作中不断地积累经验，并在每次活动后与其他社工讨论并记录，不断总结经验。

5.3 后续跟进：将活动的效果最大化也是社工需要思考的问题。康乐类的活动往往都是短期行为，如果活动结束后未及时跟进，那么活动起到的作用只是一时的。社工在设计康乐类活动时需要有长远的规划和目标。在一次活动结束后，社工要与教师保持紧密的联系，及时了解

和关注他们新的需要，以便能在下次活动中准确回应。

附录一：《汶川县映秀小学老师"云南之旅"活动计划》

附录二：《绵竹市汉旺学校教师欢享会活动计划》

行动表3　教师团队建设活动

1. 理念

5·12汶川大地震给灾区学校带来了毁灭性的打击，部分教师在地震中遇难，为了满足师资需要，教育局从其他学校抽调教师支援伤亡严重的学校。以武都小学（现中新友谊小学）为例，震后该校有7位教师遇难，后经教育局研究决定将其并入汉旺学校，2011年9月才重新从汉旺学校分离出来，学校的大部分教师仍是过去武都学校的教师，但校长、副校长、教务处主任及其他任课教师分别来自绵竹市大西街小学、德阳外国语小学、清平小学等，还有一些是新进的特岗教师，人员组成发生很大的调整。新到的学校领导大多数没有亲历该校地震，有些原来的教师深受地震影响，依然没有从失去亲人、同事、学生的悲痛中走出来；但新的领导肩负着教育局的重托，希望尽快将学校带出地震阴影，打造一所有地方特色的学校。这导致学校教师的价值观和看法可能存在差异。只有教师齐心协力才能让深受灾害影响的学校尽快回到正轨，社工站希望通过与教师团队开展有关活动，让教师们相互理解、增进共识，提高团队凝聚力。

凝聚力使成员愿意留在团体中，也可以说是团体对其成员的吸引力。它使成员在团体中感觉温暖、舒心，并感到自身的价值，及被其他成员无条件地接受与支持（钱永健，2009）。社工可以协助教师群体营造一种和谐的团队氛围，让深受地震影响的教师可以在安全的环境中放开自己，与他人进行深入交流，并得到同伴的支持。此外，通过活动，让学校领导可以更好地了解教师的性格，以便让团队中的每位成员都能相互理解，各尽其职，在今后安排工作时也能对那些深受地震影响的教师给予适当的照顾，并发挥所长，最终达致教育目标。

2．目标

与学校、老师建立稳定的工作关系后，根据灾后重建不同阶段的需要，通过拓展的方式，增强教师之间的团队凝聚力并减少其压力。

3．主要行动

3.1 需求评估

郭佳琪（2011）发现地震两年后灾区中小学教师同其他学校正常情况相比，其焦虑水平属于正常范围。然而本项目了解到，在三年重建两年完成的政策下，师生陆续搬入新校舍，随着教学环境的改善和社会关注度的提升，集中在教师身上的压力逐渐由工作方面转移到人际交往方面。在组织一系列康乐类活动后，项目了解到教师的需要在灾后不断发生变化。

项目发现在地震发生两年后，特别是师生重新搬回新的永久性校舍后，面对新校舍、新设备，部分教师感觉无法适应新的教学条件带来的压力。此外，新进教师与在该校经历过地震生死考验的教师观点存在不同，大家相互不理解，工作效率低。

3.2 前期准备工作和招募

3.2.1 准备工作

3.2.1.1 在学校开展教师服务需要得到校方和教育局领导的支持，前期的沟通和交流十分有必要。社工需要向相关领导清楚地报告工作计

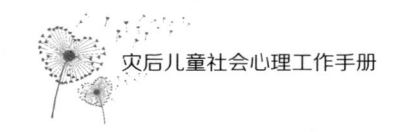

划并得到他们的支持，社工在计划准备阶段需要与校领导多次交流并听取其意见。

3.2.1.2　因拓展活动在我国内地起步较晚，而且拓展活动主要针对商业公司，社工需要进行明确规划确保将拓展活动背后的理念运用到教师团队建设上，特别是要特别留意和设计活动分享环节的反思。

3.2.1.3　以团队建设为目标的拓展活动需要大量的设备，其中有些拓展活动需要有专门的设备才能进行，社工在进行前期准备工作中需对每件可能用到的设备进行清点和检验，以保证活动的顺利、安全进行。

3.2.1.4　因拓展活动对场地的要求较高，故而社工可根据实际情况有针对性地设计活动（有专业场地的拓展活动详见附录三《汶川县映秀小学教师精神健康项目计划书》；无专业场地的拓展活动详见附录四《"向快乐出发"绵竹市中新友谊小学教师团队建设计划》）。

3.2.2　招募

3.2.2.1　教师在工作日不可能同时外出参与活动，因此需要与校方协调，确定参加人数、日期，并请校方上报教育局备案。

3.2.2.2　社工可与校方商定每次参加活动人员的名单，以便根据需要灵活调整。

3.2.2.3　如有必要可以与校方协调，让学校出面向教育局请示，安排专门的时间用于教师培训。

3.3　结束

在整个团队建设活动结束时，邀请每位教师填写评估问卷，以便了解教师在参与活动后的感受与变化，并为每位教师颁发培训证书，以示鼓励。

4. 实施留意事项

4.1 与校方探讨合作时，社工在事前要做好充分的准备，要有明确的计划和预算，以免在讨论中显得被动。

4.2 设计好的活动内容不宜在现场随意更改，以免偏离活动目标。在设计活动内容时需要认真思考，具体流程一般由简到难，由轻度的活动向剧烈的活动转变，保证活动与活动之间具有递进关系，这样才能更好地实现活动目标。

4.3 社工在带领活动时自身须保持高度的投入与热情，才能有效地调动教师的参与积极性，并要特别留意那些投入度较低的教师，多鼓励他们参与，避免因部分教师投入不足影响活动整体氛围，最终达不到团队建设的目标。

4.4 在团队分享环节，社工可以借助道具引导分享，例如，邀请团队成员抽取心情卡来表达自己的感受；或通过小游戏来鼓励分享，尽可能地避免进行枯燥的提问。另外，务必留意老师之间的"小团体"如何影响整体的氛围，有必要时可以暂时将"小团体"分开。

4.5 拓展训练存在很多竞技元素，社工在设计此类活动时，应尽可能地避免引入"胜负"概念，而是改为自己或团队的自我挑战，这样有助于激励团队成员不断进取，而非个人、团队之间的胜负竞争，避免出现不愉快，甚至是团队分裂。

4.6 同康乐活动一样（详见行动表2），拓展活动同样需要很多同工配合，在活动开始前工作团队应尽可能地进行事先演练，一方面可以让大家熟悉活动流程，另一方面也可以通过自己参与来检验规则是否合理，活动是否存在漏洞等。

4.7 不同教师参与活动的心态和反应不同，社工在团队建设方面需要细心观察，以便在分享环节进行处理，将大家的分享聚焦于团队建设目标。

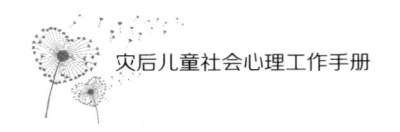

5. 伦理考量

5.1 保密原则：在未得到教师本人同意之前，不应该随意透露活动过程中收集到的与教师有关的资料，特别是教师本人性格或是其他可能会影响其人际交往的秘密。

5.2 经历过灾害的教师，参与活动可能还有心理阴影，故而在设计活动时应恰当处理教师可能产生的负面情绪，避免造成二次伤害。

6. 专业反思

6.1 专业关系：作为带领者的社工，在活动中要有明确的专业关系，带领者是培训师，而教师则是参与活动的学员。如果混淆身份，不但不利于开展活动，也不利于分享环节的开展。

6.2 专业元素：拓展训练是一门专业，社工只是借助拓展活动来达到预定目标，如果没有明确的专业元素，社工带领拓展活动不会比专业拓展培训师更有效果。所以，在设计相关方案时，社工一定要明确使用拓展形式活动的原因，即为了回应服务对象的需要，而非生搬硬套拓展活动。

附录三：汶川县映秀小学教师精神健康项目计划书

附录四："向快乐出发"——绵竹市中新友谊小学教师团队建设计划

参考文献

1. 郭佳琪：《地震两年后灾区中小学教师焦虑状况与营销因素的相关研究》，四川师范大学，硕士学位论文，2011。

2. 梁斌、苏春蓉：《四川地震灾区中小学教师主观幸福感现状调查》，《中国学校卫生》2010 年第 12 期。

3. 刘立祥、沈文伟：《地震灾区学校社会工作与教师精神健康服务探析》，《社会工作理论新探》2012 年第 5 期。
4. 钱永健：《拓展》，高等教育出版社，2009。
5. 王思斌：《社会工作概论》，高等教育出版社，2004。
6. 叶锦成：《精神医疗社会工作》，心理出版社，2011。
7. 游永恒、张皓、刘晓：《四川地震灾后中小学教师心理创伤评估报告》，《心理科学进展》2009 年第 3 期。
8. 张莉萍：《港台青少年团体康乐辅导》，《青年探索》2009 年第 1 期。
9. Assay, Ted. P., and Lambert, Michael J, 1999. The Empirical Case for the Common Factors in Therapy: Quantitative Findings. In Hubble, edited by Duncan, Barry. L, et al, The Heart and Soul of Change. Washington, DC: American Psychological Association.
10. Sim, Timothy, 2009. Crossing the River Stone by Stone: Developing an Expanded School Mental Health Network in Post-quake Sichuan. China *Journal of Social Work*, 2 (3), 165 – 177.
11. Sim, Timothy, 2011. Developing an Expanded School Mental Health Network in a Post-earthquake Chinese Context. *Journal of Social Work*. 11 (3), 326 – 330.

附录一　汶川县映秀小学老师"云南之旅"活动计划

1. 活动背景

2009年1月22日至2月16日，根据映秀小学教师的要求，社工站发起了一个旨在为其提供社会心理支持的活动。其中A、B两位老师的配偶和独子在地震中丧生，C老师在地震中失去爱人。本次活动中的志愿者从2008年6月开始支持和帮助这几位老师，这次活动将由他们来组织和带领，这次活动的目标是强化这一组老师的自然社会支持网络。社工站希望通过这次活动，帮助几位受灾严重的教师更好地准备新的学期，并且可以更好地照顾在地震中受到巨大伤害的学生们。

这次活动包含两部分：

第一部分包含2009年1月22日至2月2日的家访，一名志愿者和一名社工运用滚雪球的方式，先探访第一位老师，然后和他一起访问第二位老师，然后一起访问第三位老师，整个过程大概持续几天的时间。

第二部分包括在云南景区为期两周的散心活动。这是他们震后的第一次放松旅行。旅行是为了让他们关注风景，进入一个与工作地点完全不同的环境，并得以休息，希望借此让他们暂时走出丧亲之痛。

2. 活动目的

使丧亲老师过好"5·12"后的第一个春节，舒缓他们因丧亲而有的负面情绪。

3. 工作对象

映秀小学三名丧亲老师。

4. 云南行程安排

这次云南之行包括昆明、大理、丽江、泸沽湖、香格里拉。

2月2日成都—昆明

2月3日昆明、大理

2月4日大理（洱海、崇圣三塔、蝴蝶泉、大理古镇）

2月5日大理（天龙八部城、大理古镇）—丽江（束河古镇）

2月7日丽江—泸沽湖

2月8日泸沽湖—丽江

2月9日丽江（古镇、昭庆市场）

2月10日香格里拉（松赞林寺）

2月11日香格里拉（白水台）

2月12日丽江—成都

5. 费用合计

老师们负责第一部分的交通费和住宿费及第二部分的住宿费980元以及在云南的餐饮费用，设计每人食宿费为2650元。

赞助方补助3位老师和志愿者在云南两周内的交通。

支出项	费用（元）
往返火车票（成都—昆明）	550
住宿（70元×14天）	980
在云南的交通以及门票［人民币（40元+40元）×14天］	1120
总　　额	2650

赞助方为每位老师提供1670元，大约每天每人120元，共提供2周的费用。赞助方总共花费约为8350元［(550元+1120元)×5人］。

6. 社工心得

6.1 经过10天的接触我和老师的距离更近了。旅途中几位老师先后感冒，不过他们都顽强地克服了。老师们有机会休息，对身心也有一定的帮助。

6.2 A老师为人比较乐观、积极、幽默。给了我们很多欢笑，旅途中总是逗大家笑，有两次向我们讲述了地震时自己看到的情景、对家

人的思念、自己以后的想法。

6.3　B老师由于身体不太舒服，严重感冒，偶尔发点脾气，有时候需要像照顾孩子一样照顾他。在旅途中他是大家比较关心的对象。对大家的关心他很受用，也能很开心地玩下去。在感冒好后，他对大家的关心充满谢意，对他自己发脾气也感到抱歉。

6.4　C老师总体上感觉比较关心家庭，每天晚上回到住的地方都要给家里报平安，心情比较好。他很会关心他人，特别是对B老师，可能是因为共同经历过大灾难，总是很包容他，常常支持他，同时也给大家带来快乐。

6.5　这次邀请义工Apple同行起了很大的作用，由于她和三位教师比较熟，关系也密切，很多时候她很到位地利用自己好友的身份和他们交流，三位老师向她倾诉起来也没有什么顾虑。同时，义工Apple在旅行中也负责联系住处等，为经验较少的年轻社工提供了很大的帮助。

6.6　通过这次旅行，社工和几位教师深入接触，拉近了距离，看到了他们情绪上的变化、对亲人的怀念、对将来的想法，总体上感觉他们的心情开朗了很多。

6.7　几位教师很感谢提供这次机会的捐助人，多次请社工转达谢意。

7. 义工的回馈

7.1　这次社工、义工、教师的组合感觉很好，社工可以和他们深入接触，利用好朋友的身份和他们沟通。

7.2　虽然资助老师旅行不像直接捐赠物资那样马上能看到效果，但是通过这次旅行感觉到他们的心情开朗很多，和社工说了很多关于今后的想法，而他们以前对这些事都很迷惘。

附录二 绵竹市汉旺学校教师欢享会活动计划

1. 项目目标

我们希望通过教师减压活动，使教师的身心在大自然和轻松的游戏氛围中得到舒展，进而达到促进其精神健康的目的。同时通过社工与汉旺学校老师之间的互动，使社工站与学校之间的关系更加密切，为社工站服务的顺利开展打下良好的基础。

2. 活动基本资料

时间：2010年5月

地点：绵竹市某农家乐

参加人员：汉旺学校教职工170人以40人左右为小组，分批参与；
　　　　　社工站工作人员5人

主题："欢享会"——以食物的名义，分享欢乐

3. 活动内容

时间	活动名称	活动方法	目标	负责人	材料准备
活动开展以前	教师自购食材	参与活动的教师每人准备2种食材	每个人都为活动尽一份力，提高活动的参与度	王海燕	社工站也要多准备些食材、调料
10：00~10：20	签到	准备8份不同图案的图片，剪成6块，打乱顺序，每位老师、社工各领一块		关方	8份不同图案的图片并剪裁
10：20~11：00	前往农家乐			王海燕	包车

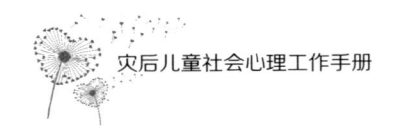

续表

时间	活动名称	活动方法	目标	负责人	材料准备
11：00～11：20	破冰：拼图分组	宣布任务：寻找跟自己的图片能拼成一幅完整图案的组员，并组成一个小组。向大家做自我介绍	增加教师与教师、教师与社工之间沟通的机会	关方	—
15：10～15：30	身体猜拳	每人分到5个衣夹，在规定的场地内，用肢体语言猜拳，赢的人把一个衣夹夹到对方的头发上（已夹在头发上的衣夹不可以取下来），然后找不同的人继续身体猜拳，直到自己手中的5个衣夹全部送出去为止。最后头上衣夹最多的5名选手获最时尚奖，并合影留念	让平时比较严肃的老师也可以抛掉负担，释放童真，开心地玩、开心地笑	凌彩庆	衣夹
11：20～11：30	美食对对碰	各组根据各自准备的食材，讨论决定烹饪1～2个菜，午饭后选出最"巴适"（好）的菜，将奖品送给优胜组	让组员间通过最生活化的方式体会平凡中的快乐，同时练习分工与合作	凌彩庆	纸（点菜单）、笔
11：30～12：30	洗菜、做饭社工组织各组分享	各组清洗食材，请厨师根据菜单烹制各组的菜，擅长烹饪的组员也可以帮忙，社工跟组中老师聊天（如果条件允许，可以进行露天烧烤）	自然抒发心中的情绪，包括工作的困难、家人的支持，以达到舒缓压力的效果，同时增进教师与社工间的沟通	全体	各组社工带领话题
12：30～14：30	吃饭、聊天	介绍各组的菜，送大家一句祝福语；评选最"巴适"（好）的菜，并颁奖	好好享受由大家努力合作、饱含祝福制作而成的一餐	王海燕	强调投票规则，不能投票给自己的组；以轻音乐作为背景

续表

时间	活动名称	活动方法	目标	负责人	材料准备
14：30～14：50	终极密码	裁判秘密写下1～200（不包括1和200）的数字，所有人依次猜这个数字，逐渐缩小范围，最后猜中这个数字的幸运儿将接受"真心话大冒险"的考验；40人分两组同时进行	调节聚餐的氛围，了解老师间的互动方式、关注的话题	凌彩庆	
14：50～15：10	传递甜甜圈	每组有一杯圈圈形状的橡皮糖，每人一支牙签，组员用牙齿咬住牙签传递橡皮糖，300秒内传递最多的一组获胜	相互配合对老师的工作很重要，体会合作是一件有挑战但很快乐的事情	关方	轻快的音乐圈圈橡皮糖
15：30～15：50	Aloha	跟社工学习Aloha舞蹈，再由老师们面对面表演	互相表达感谢与关心，认识到爱的表达很重要 同时表达社工对老师工作的感谢 在温馨的气氛中宣布活动结束 预祝假期愉快、春节快乐	关方	舞蹈音乐送老师礼物
15：50～16：00	宣布活动结束	颁发纪念品		王海燕	美食达人证书 纪念品（学校提供）
16：00	返程			王海燕	包车

4. 评估方案

本项目采取过程评估与结果评估相结合的方式。在活动开展过程中，工作人员随时通过观察和访谈了解汉旺学校教师的感受、参与度、

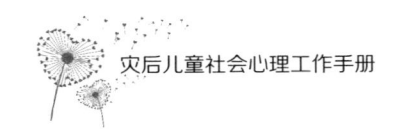

满意度等，征求是否有需要改进的意见，以最大限度地达到本次活动的目的。设置留言板让教师可以随时记录下大家的学习（Learning）、确信（Conviction）、发现（Discovery），并表达自己的感恩（Thanksgiving）、鼓励（Encouragement）和欣赏（Appreciation）。活动结束后，工作人员通过问卷的方式评估本次活动的目标达成度。

5. 预估困难及解决方案

	困难预估	解决方案
1	雨天没办法开展室外项目	遇到雨天进行室内项目，在踩点时寻找合适的室内场地
2	个别组员在活动中有扭伤情况等	治疗师带一定的应急药品备用
3	个别教师对于项目内容有不适感抑或不感兴趣	教练会根据情况安排适合、有参与性的安全角色给该队员
4	……	……

6. 反馈（感受与建议）

教师 A：太开心啦，难得有这样的时间放松，感谢社工站的工作人员，你们太辛苦了。

教师 B：真心的交流，真诚的互动，快乐与我们同在。

教师 C：活动能让我们团结在一起，并且轻松快乐，懂得生命的意义。

教师 D：在活动方案出台前，事先多与相关方面沟通联系，以期活动更成功。

教师 E：应该多一些成人化的节目。

教师 F：活动中如果参与面更广些就更好了。

附录三 汶川县映秀小学教师精神健康项目计划书

1. 项目目标

映秀小学社会工作站通过对小学教师的需求进行评估，了解教师在精神健康方面存在的问题和需求，进而通过制订相应的社会心理健康服务项目来减缓映秀小学教师的身心压力，满足其精神健康需求，提升其精神健康状况，从而促使老师从地震所带来的各种悲痛和工作压力中走出来，更加精神饱满地开展各种教学工作和日常活动。

除此之外，这项活动也可以起到团队建设的功效，提升映秀小学教师团队的凝聚力，为学校工作的顺利开展打下良好的基础。在活动中，社工与映秀老师之间的互动可以进一步巩固两者之间的良好关系，为社工站工作的顺利开展营造一个更加良好的环境。

2. 项目内容、时间及地点

通过与映秀小学负责精神健康的老师沟通，社工发现映秀小学老师目前更需要休闲放松，可以开展以促进精神健康为目的的活动。社工发现位于四川大英县的中国死海非常适合本次活动的开展。在死海不但可以体验到神奇的自然漂浮，还能尽情享受盐卤温泉、恒温黑泥、死海拓展、CS野战训练、激情冲浪、风情表演与特色盐疗等愉悦度假体验。各种时尚健身运动设施、大型水上游乐项目激活人的每一个感官细胞，开展这些活动项目可以促进精神健康、缓解因为工作压力和情绪紧张带来的亚健康状态。

映秀小学教师的精神健康项目：选择水上拓展训练。训练内容包括破冰互动游戏、扎筏泅渡、抢滩登陆、时空隧道、激情冲浪、CS野战等。选择这些项目是希望通过开展各种拓展项目让老师放松身心，缓解地震带来的丧亲之痛、复课以来的紧张情绪，使疲惫的身心得到舒缓。

由于映秀小学教师没有参加过类似的精神健康活动，这对于他们来

说是一种全新的缓解压力、放松身心的方式。映秀小学教师对本次活动都抱以热烈欢迎的态度，负责的教师积极组织、策划本次活动。

社工站根据老师们的需求制订活动计划，寻找适合的活动资源，以确保活动的顺利开展。

3. 活动具体细节

时间：2009年6月24~26日

地点：位于四川省大英县的中国死海

4. 财务预算

4.1 优惠套餐

课　　程	时　　间	价　　格
◆中国死海休闲拓展培训 （优惠套餐价格）	三天两夜	460元/人

注：此价格包含
◇ 拓展管理培训（项目设计、教练薪资、器材租赁、培训实施、场地、人员劳务、饮用水、保险、会议室等费用）
◇ 五星级太阳城度假酒店住宿两晚
◇ 景区门票一张

4.2 另外费用

课　　程	价　　格	备　　注
餐费	30元/人/餐	
车费	2800元	三天往返，都江堰接送
CS野战费	80元/人	

本次精神健康项目预计参加人数为26人，费用预计为19760元。

5. 评估方案

本项目采取过程评估与结果评估相结合的方式。在活动开展过程中，工作人员随时观察和访谈映秀教师的感受、参与度、满意度等，征求是否有需要改进的意见,以最大限度地实现本次活动的目的。活动结束后,工作人员通过问卷的方式评估本次活动目的是否达成。

6. 困难预估及解决方案

	困难预估	解决方案
1	雨天没办法开展室外拓展项目	拓展基地有室内外两类基地,遇到雨天则进行室内项目
2	个别人员可能会出现感冒等生病情况	及时联系景点内的医务人员,及时治疗
3	队员可能会对拓展教练开展的拓展项目不感兴趣	社工站工作人员随队参加,遇到此类情况时社工会参与主导部分项目的开展
4	天气炎热,可能会出现中暑情况	预备防暑药品,鼓励队员多饮水
5	由于距离较远,个别队员可能会晕车	社工提前准备预防晕车的药物
6	……	……

7. 反馈

教师A:自从2008年地震发生以来到现在还没有这么放松过,这次死海活动比前不久去深圳耍得都好,感觉都好!

教师B:今天整个下午都没有把手机放在身边,感觉真好,完全沉浸在活动之中了,真的很放松。一位老师在玩完海盗船之后说,自己之前从来都没有这么大声喊过,这次我无所顾忌地大喊了,现在有一种说不出来的爽。

负责教师:其实这几天的活动给了老师们一个很大的支持,完全属于心理健康活动,这样的心理健康活动非常有意义、有效果。我这两天也观察到老师们脸上的笑容,感觉他们很开心,因为长久以来好几位老师都没有这么开心地笑过了。就凭老师们脸上的笑容就感觉这次活动举办得很成功。

社工督导:在盐水区漂浮的时候,我边漂浮边和谭校长聊天。谭校长讲到,他认为在学校里面最关键的是老师,他很看重给予老师们的支持。我们为老师们开展的这些活动就是给映秀小学很大的支持了。

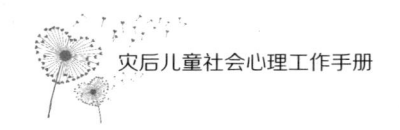

附录四 "向快乐出发"——绵竹市中新友谊小学教师团队建设计划

1. 目的
1.1 帮助老师舒缓身心，缓解工作压力。
1.2 增强教师队伍的团队发展动力。

2. 相关资料
活动性质：发展性

工作对象：绵竹市中新友谊小学 45 名在编教师

活动日期：2012 年 3 月 20～22 日

时间：9：30～16：30

地点：九龙山庄

预计参加人数：48 人（分三组，每组 16 人）

所需人力及工作分配：

人员	分工
黄皓	计划书撰写、活动带领、踩点
王海燕	协助
凌彩庆	协助

3. 招募及宣传
学校负责组织教师参与活动。

4. 工作时间表

3 月 7 日	提交计划书初稿	黄皓
3 月 8～11 日	审批计划书并修改确定	陈老师、黄皓
3 月 12 日	踩点并确定活动地点	黄皓

续表

3月13~19日	准备活动物资及熟悉活动流程	黄皓、王海燕、凌彩庆
3月20日	第一组教师活动	黄皓、王海燕、凌彩庆
3月21日	第二组教师活动	黄皓、王海燕、凌彩庆
3月22日	第三组教师活动	黄皓、王海燕、凌彩庆

5. 活动内容及方式

时间	地点	内容	所需物资	备注
9:00	各集合地点（具体和老师商量）	集合并乘车前往九龙山庄	面包车	因参加活动的老师住处不统一，我们将安排3个集合地点，每位社工负责一个地点
10:00	九龙山庄	到达活动地点		通知老师9点集合，可能需要9点半才能全部到齐。预计10点到达活动地点
10:00~10:10	九龙山庄	签到 小休 分组	签到表 笔	老师签到、上卫生间、放包后准备开始参加活动； 将所有老师分成2组
10:10~10:15	九龙山庄	介绍活动规则		考虑到中新友谊小学大部分的老师年龄偏大，故而设计的活动运动量不大
10:15~10:25	九龙山庄	热身游戏： "反面无情"		暖场，调动老师的参与积极性
10:25~10:40	九龙山庄	游戏： "猜猜我是谁"		虽然老师们彼此熟悉，但是否能第一时间叫出对方的名字呢？活动后，社工与老师一起分享感受
10:40~11:00	九龙山庄	游戏： "球行万里"		通过游戏让老师感觉到团队合作的重要性

续表

时间	地点	内容	所需物资	备注
11：00～11：20	九龙山庄	游戏："闪避球"		通过游戏让老师明白在团队中每个人都有自己的位置，如果要想取得成功，需要所有人的配合。游戏后，社工尝试鼓励老师分享在活动中的感受
11：20～11：40	九龙山庄	游戏："一指禅"		看似简单的游戏，如果参与者中有人不专心或不投入就会失败。活动结束后，社工可与老师一起分享：在日常工作中，作为一个团队，如果有人不投入会带来怎样的结果
11：40～12：00	九龙山庄	颁奖纪念品总结活动		怎样发奖品需要和学校协商，奖品可由学校提供
12：00～13：00		午饭		
13：00～13：30	九龙山庄	活动："水果拼盘"	鼓励老师自带，社工站也准备一些	让老师回到活动场地休息，制作拼盘
13：30～14：00	九龙山庄	游戏："跨越电网"		因本校男老师少，且大多数老师年龄偏大，不适合用穿越的形式完成，故而改成跨越的形式
14：00～16：30	九龙山庄	自由活动		社工可以参与教师的活动中去，向老师了解参加活动的感受等
16：30	九龙山庄	组织返回		

6. 预计会出现的困难及解决方案

	困难预估	解决方案
1	雨天没办法开展室外项目	遇到雨天则开展室内项目
2	个别老师在活动中有扭伤情况等	工作人员活动开始前提醒有身体不适的老师，建议他/她在一旁休息观看
3	个别老师对于项目内容有不适感抑或不感兴趣	工作员会根据情况安排适合、有参与性的安全角色给该老师

7. 评估方法

本项目采取过程评估与结果评估相结合的方式。在活动开展过程中，工作人员通过最后的分享及在活动过程中的观察了解教师们的感受度和满意度。活动结束后，发放问卷了解目标达成程度及还需改进的地方，也可通过与教师的个人访谈评估本活动。

8. 反馈

教师 A：通过活动我们能感受到快乐，增强了同事间的了解，培养了团队合作的意识。

教师 B："向快乐出发"这项活动如心灵鸡汤，快乐了身心，放松了心情，深化了了解，提升了团队协作、创新意识。衷心地感谢 3 位社工的付出。

第 8 章
锅庄联欢活动

刘立祥[*]

概 述

在学校社工站开展工作期间，社工站在 2008 年 12 月第一个寒冷的冬天发现无论男女老幼均会跳锅庄健身取暖。因此便萌生了采用跳锅庄这一映秀群众喜闻乐见的舞蹈形式开展社会心理健康活动的构思，与学校、政府合作，开展时间跨度较长的锅庄舞蹈训练及会演来让社区居民参与进来，通过一系列互动和参与来达到社会心理健康和社区整合、社区文化重建的目的。

藏羌锅庄是一种流行在四川省阿坝藏族羌族自治州境内、参与性很强的大众化集体性民族民间体育舞蹈，它横跨体育、艺术和教育三大领域，融身体锻炼、舞蹈、音乐于一体，是一种民族特点浓厚、乡土气息浓郁的藏羌民族传统体育活动形式（刘伟等，2009）。藏羌锅庄在藏族和羌族人的生活中占有重要地位，为广大群众喜闻乐见。每逢年节、秋

---

[*] 刘立祥，男，毕业于云南大学社会工作专业，硕士，中级社会工作师，成都市社会工作专家库成员。现任教于西南石油大学社会工作专业，研究方向为社会福利和社会工作实务。近年来主持或参与研究省部级科研项目 5 项，发表 CSSCI 和北大核心论文 10 余篇，参与撰写专著和教材 3 部。

收、结婚等喜庆的日子藏羌人民都要跳锅庄。锅庄对于人们的心灵具有塑造与净化的功能，人们通过参与活动来亲身体验活动的意义，达到宣泄内心压抑情绪的作用。正如团体心理咨询过程一样，通过自身的参与和体验，达到宣泄的目的（李万龙、钟瑶，2007）。藏羌锅庄在联结个人与群体的关系方面具有重要的意义。锅庄在同藏羌民族的历史、宗教、习俗、生活、性格相结合的过程中成为藏羌民族的一种象征，使其具有巨大的感召力和凝聚力，起到了整合社群以及集体意识的作用。

锅庄的群体性让它成为人们交往的重要形式。在时断时连、不停旋转的队形里，在整齐一致的动作中，人们集体协作，促使民族成员互相帮助、紧密联系。在村寨之间举行藏羌锅庄活动时，参与者与观众都有着强烈的集体荣誉感，个人与集体融为一体。在学校的集体早操中加入锅庄，不但能促进学生身心健康，还能够丰富学校文娱生活、传承文化。集娱乐、伦理教化和健身于一体的藏羌锅庄增强了民族的团体凝聚力和民族认同感，对培养民族精神发挥着积极重要的作用（刘伟等，2010）。

锅庄这种表达性艺术，与表达性心理治疗具有异曲同工之妙，对心理放松与治疗具有一定的辅助作用，适合于团体心理治疗使用（李万龙、钟瑶，2007）。表达性心理治疗（樊富珉，2007）是一种新兴的心理治疗方法，它通过游戏、活动、音乐、绘画、舞蹈、戏剧等艺术媒介，以一种非纯口语的沟通技巧来介入，释放被言语所压抑的情感经验，处理当事人情绪上的困扰，帮助当事人对自己有更深刻的对不同刺激的正确反应，重新接纳与整合外界刺激，达到心理治疗的目的。

综上可见，藏羌锅庄不仅有益身心，同时还有联结学校和社区关系、促进群体整合的功能，并发挥表达性心理治疗的功效和促进群众整合和灾后社会关系重建的功能。本章为关于组织锅庄的具体行动建议，请参阅行动表及附带的相关资料。

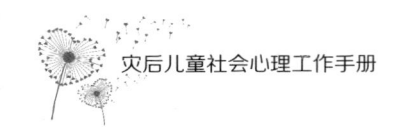

行动表　锅庄组织过程

1. 理念

灾后的非物质重建，如心理卫生、社区关系和社会支持系统等，是一项非常复杂、长远的工程。社区社会心理工作的开展、社区关系重建及社会支持系统的建立有利于支持灾后群众以更佳的精神面貌投入灾后家园重建工作中。

地方知识、资源来自本地人对自身所处的自然、人文、社会环境的认识，是本地人长期总结出的处理人与己、人与人、人与社会之间关系的一些规则和策略，也可以说是本地人的一种实践智慧，它有效地解决了本地人所面临的自然环境和人文环境中存在的问题，对本地人的生存和发展有着不可替代的价值。哪里有本地人生活，哪里就有地方知识（王鉴、安富海，2012）。理解和尊重地方知识是在当地开展工作的首要前提，在开展工作过程中主动学习和运用地方文化、地方知识和地方经验，有利于当地人对社工工作的接纳，有利于社工工作的更好开展。

2. 目标

2.1　通过锅庄活动的开展促进灾后映秀居民的社会心理健康和社会关系重建。

2.2　挖掘映秀的地方知识和经验，将地方知识和经验在社工工作中的作用呈现出来。

3. 主要行动

3.1　需求评估

3.1.1　在开展学校社会工作的过程中，社工发现部分映秀居民还深深地沉浸在思念逝去亲人的痛苦之中，无法很好地适应灾后的生活状况。这部分居民经常把自己关在家（板房中）很少出门，他们无所事事、沉默寡言，几乎把自己与外面的世界（所在的社区）隔绝开来。这种状况长期持续下去对其精神健康是不利的，也不利于灾后社区和人际关系的重建。通过开展跳锅庄这种社区居民喜闻乐见、有兴趣参与的社区团体活动将这些居民从板房中带出来，在参与集体活动的过程中，将社区生活和居民重新建立关系，起到促进社会心理健康和社区关系重建的目的。

3.1.2 考虑到本次锅庄活动会涉及多方面人员和多个部门，如镇政府、村委会、各锅庄团队、团队的各个队员、锅庄演出服装供应商、灯光音响设备租赁商、媒体等，要协调许多方面的关系才能够保证活动的顺利进行，由此可见本次活动中的沟通协调作用的重要性。

3.2 前期准备工作和招募

3.2.1 要选择一个合适的切入点。在选择切入点上社工考虑了以下三个因素：第一，跳锅庄本身具有释放压力、舒缓情绪的作用，而且它也是一种运动，能够强身健体；第二，锅庄是一种集体舞蹈，个人在跳舞的同时可以与团队中的成员相互交流，获取团队支持；第三，锅庄这种传统舞蹈在映秀镇有着很好的群众基础。正是由于有这样一个好的切入点，这个项目才受到了广泛的欢迎与支持。

3.2.2 通过共青团映秀镇委员会（简称团委）召开各村团支部书记会议（此次有6个村、映秀小学及镇政府共8支队伍参加映秀镇锅庄联欢）宣布锅庄联欢活动的计划。在会议上，各村团支书认真地了解这次活动的相关细节，并积极加入组织本村锅庄队伍的行列中来。

3.2.3 本次锅庄活动是在震后极其复杂的环境下组织的，而且为了达到最大限度的"搅动"目的，持续时间比较长，要求在前期准备

工作期间成立一个"组织团队",负责本次锅庄活动的所有组织工作。

3.2.4 活动流程

活动时间	活动事项	活动负责人
2009 年 2 月中旬	联络各参赛单位(包括镇上 7 个村、一个社区及小学、政府机关,共 10 个单位)领导,推选锅庄小组负责人	社工
2009 年 2 月下旬	各小组负责人宣传活动计划,招募组员(每组 20～30 人); 各小组负责人领取统一的配乐光碟	各小组负责人
2009 年 3 月上旬	各小组负责人组织成员进行排练	各小组负责人
2009 年 3 月中旬	活动总负责人跟进排练进程,反馈各小组意见	社工
2009 年 3 月下旬	发放参赛服装	社工、各小组负责人
2009 年 3 月底	组织各小组进行一次大赛彩排,根据彩排结果对活动进行改进	社工、各小组负责人
2009 年 4 月上旬	联系大赛所需场地、道具、奖品等	社工、各小组负责人
2009 年 5 月 1 日	正式比赛	社工、各小组负责人

3.3 实施留意事项

3.3.1 尊重参与对象的意见。

在策划锅庄活动的时候,活动组织者有很多自己的想法,尽量纳入居民们的想法,以提升群众的参与度,也让群众更投入和开心。但其实有时候组织团队的想法没有充分尊重实际情况,比如组织团队曾想让群众在跳锅庄中加入一些自己的创意,让它体现出一些不一样的地方,展现映秀人民现今的精神风貌。但把这个想法和群众讨论后,他们并不以为然。他们觉得锅庄就应该是传统的样子,若是修改了就没有锅庄的味道了。组织者经过讨论决定听从群众意见,维持锅庄舞的原貌。之后的事实也证明,大家确实更喜欢原汁原味的锅庄。在这种传统的舞蹈中，大家找到了久违的东西——自信和快乐。对群众意见的尊重是项目做得很好的地方。在组织活动过程中一定要充分调动群众的参与积极性，多听他们的意见，这样才能对可能出现的情况多一些了解。在分工协作的时候，也一定要将工作细分到具体的负责人，以确保不致因为多头管理而延误工作。例如，是否参加本次锅庄活动要遵从村民和村委会的意见。由于黄家村和黄家院村距离映秀镇中心较远，且此两村的民众正在集中精力修建房屋，在征求两村村主任的意见后，决定两村不参加这次锅庄活动。

3.3.2 由于锅庄活动涉及政府部门，需要他们的支持，从锅庄活动方案开始策划就要和政府部门保持联系，尤其是政府部门的主管领导，取得政府部门的支持也就确立了活动举办的合法性。

政府有社工无法比拟的社区影响力、强大的组织网络与关系网络，另外还有组织大型活动的丰富经验和资源。在这次活动中，双方互相合作，取长补短，让彼此的优势得到了充分发挥——社工负责筹集资金、动员群众、跟进各舞蹈小组进展、根据群众的意见对活动做出调整；映秀镇政府则负责服装、礼品的购置和晚会的筹备，包括音响设备租赁、从当地气象局获得未来几天天气状况等。

在寻求当地政府部门的支持的时候，要注意寻求视野广阔、思维清晰、思想先进、不墨守成规的领导来合作。

3.3.3 组织团队要注重和每个团队建立关系，走访各个团队的训练场地，旁观他们的训练，甚至偶尔可参与训练中一起跳锅庄，这样可以加深组织团队与锅庄团队的感情。

3.3.4 注意使用会餐的形式进行沟通。邀请每个领队参与会餐，会餐时讨论需要各队共同努力才能解决的问题。然后再由各领队针对活动的细节提出问题，大家商量改进的方法。最初并没有意识到举办会餐的重要性。随着会餐次数的增加，开始发现它产生的效果。集体研究、民主磋商的效果十分明显。它增进了各队的友谊，弱化了比赛氛围，达

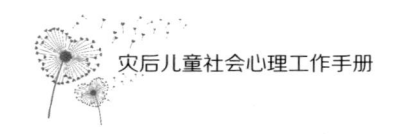

到快乐参与的目标。

3.3.5 在举办锅庄会演的过程中，相关设施和器械（比如灯光、音响等）是需要供应商提供的。在可用资金的范围内，尽量按照市场规律来操作，加强与供应商的沟通协调，可以取得节省的效果。对于灯光音响等舞台设备的租赁事先要签订租赁使用协议，必须清楚沟通，若使用过程中出现设备损坏由设备租赁公司自行负责，以避免过后出现因为设备损坏而相互扯皮。

3.3.6 在制订活动方案的时候，要认真反复推敲磋商，听取锅庄活动参加者的意见后再把成熟的方案公布出去，以避免在活动进行中更改计划造成矛盾。

3.3.7 会演时间选择的注意事项。活动定于2009年5月1日下午6时开始。其间组织者围绕活动时间展开激烈的争论，主要集中在是否要占用学生的学习时间（锅庄会演的地点是映秀小学教室板房中间的小操场），游客在五一假期是否过多而引发安全问题。

3.3.8 天气预案要详尽。因映秀多雨，活动又在露天场地举行，因此下雨可能要推迟进行。组织者应制订下雨推迟比赛及中途下雨的预案。

3.3.9 评委和嘉宾的交通安排。地震使道路损毁严重，并且当时映秀正处于重建的紧张时期，交通极其堵塞，因此场地设施提前一天必须到位，嘉宾也必须提前6小时出发。

3.3.10 会演时的安全事项。组织者通过映秀镇政府联系了派出所的警力协助维护外围的秩序，同时组织参赛村的志愿者在内部维持秩序。请消防队员来到现场，监测火灾隐患；请映秀医院派出两名医护人员到现场，应对突发事件。

3.3.11 细节方面要考虑到位，避免组员抱怨的情况。在活动前的准备过程中，组织者应尽量考虑每一个细节，避免某个环节出现疏漏，比如有些组员对自己的服装颜色不太满意等。

3.3.12 评委中要包括1~2名专业人士，这样比赛成绩才更具有权威性，才可以避免成绩接近的团队扯皮造成不愉快。

3.4 结束、评估

锅庄活动结束后以个人访谈或焦点小组的形式总结评估。在总结评估时，采用定性的结构式访谈，在征得访谈对象的同意后进行录音，以便后期进行资料整理。

4. 政府、村民的回馈

映秀镇的锅庄活动就是社工通过组织锅庄舞蹈这种大众参与的社区活动形式，为尚未从悲痛中走出来的映秀村民提供社会支持，以达到恢复精神健康的目的。由于锅庄是一种集体舞蹈，团队成员在一段时间练习舞蹈——在跳锅庄的过程中可以与团队其他成员交流，获得团队的情感支持，加深彼此的情感，促进灾后社区居民关系的提升。同时可以减少他们在家独处的时间，从而分散其思念亲人的注意力。

四五个月的实践证明，跳锅庄确实对人们的精神健康有很大的帮助，受到跳锅庄的人以及观看跳舞的人的喜爱和欢迎：

还没参加这次锅庄的时候我们过年时都想跳一下的。比如说什么宽心啊，像这段时间心情不好，就把我们弄出来跳一下子，跳着跳着就说有锅庄大赛，听起来心里面更舒服，更加想跳了！

尤其是跳锅庄也可以强身健体嘛，对自己也有好处，因为时间嘛也混过去了。自己高兴了，跳起来，自己强身健体了。而且那些伤痛慢慢地在跳舞的时候就稍微淡忘一些，这是我们最大的一个感受。

政府方面也给予此次活动极高的评价：

说老实话，现在映秀镇党委政府灾后重建各方面的事情太多了，我们余下不了这样的时间来考虑各种问题，在这个时候社工团体给了我们很大的帮助。整个活动应该说是从去年底就开始筹备了，从过完年就开始工作的安排和实施,有很多村开始晓得这件事。我们这次涉及了六个村、一个社区,还有两个机关单位,里面有很多人自己的小孩遇难,也有自己亲人遇难的。但是他们在跳锅庄的时候一个是自愿,第二个是在跳锅庄的时候把这个当成了一件快乐的事来做,同时漫长的准备时间也让他们在精神方面锻炼得非常好。5月1日当天天气不是很好,晚上还下了小雨,但我们整个映秀老百姓的锅庄跳出了自己的精神,跳出了我们明天的希望。我一直以来都觉得所有关心和帮助我们的社会团体也好,还是爱心人士也好,他们不希望看到老百姓都痛不欲生,连年看到老百姓都住在板房里面,连年看到老百姓都还沉浸在过去的回忆里,他们希望看到我们能像过去一样愉快地歌唱、跳舞。

5. 伦理考量

5.1 锅庄活动的组织始终要以参加团队和队员的利益为重,注意案主自决原则的运用。

5.2 社会工作者要注意自己对于专业的责任,在活动开展过程中注意本土社工知识和智慧的积累,以创造性地发展本土化的社会工作知识,比如要从社工专业知识发展的角度对锅庄活动组织经验进行整理及评估。

6. 专业反思

6.1 社工开展的活动一定要以满足服务对象的需要为前提,设计的服务项目一定是服务对象需要的,而不能仅仅是社工应用某些理论、技巧的需要。社工开展服务要以服务对象的需求为导向。

6.2 社工在锅庄活动方案设计及整个组织过程中要注意倾听活动参加者的意见和建议,强调"重在参与"。有了他们的参与,活动才更容易取得成功。

6.3 社会工作者要寻找合作者,链接各种资源,扮演好资源链接者的角色。但某些潜在的合作者、资源提供者,可能与我们的立场、期望不尽相同,社工此时要注意这些合作者和资源提供者的需求,如果他们的需求不影响活动的正常开展,不违反社会工作的伦理价值观,是可以接受的;如果他们的需求严重违反了社会工作价值观,则可以断然拒绝与之合作,不能因为要得到这些资源而违反社会工作价值观。

6.4 与当地政府合作过程中要注意沟通协调的艺术性。在当地举办大型活动不可能不与当地政府合作,至少要取得其支持或默许。在这次锅庄活动中,我们的初衷是想让映秀民众在跳锅庄时愉悦身心,在锅庄小组中获取团队支持,通过此种方式来达到社会心理健康和社区关系重建的目的。锅庄舞大会演只是活动成果的一个展现,目的是充分调动大家的积极性。因而项目希望将最后的联欢会演做成一个自娱自乐的晚会,让大家在没有压力的情况下尽情欢乐。但政府却希望活动能以一个大的晚会的形式呈现出来,邀请了四川电视台等多家媒体来做现场报道。此时社工要注意与政府配合和合作的方式,在保证活动专业性的前提下,在达到活动预期目的的前提下可以适当考虑政府的意愿,以取得政府对锅庄活动的支持。

参考文献

1. 李万龙、钟瑶:《表达性艺术——藏族舞蹈锅庄对心理咨询与治疗的启示》,《科技经济市场》2007 年第 11 期。
2. 刘伟:《藏羌锅庄的社会功能及其现代变迁》,《阿坝师范高等专科学校学报》2010 年第 9 期。
3. 樊富珉:《表达性心理治疗在中国大陆的发展》,中国首届表达性心理治疗与心理剧国际学术研讨会,江苏苏州,2007。
4. 刘伟、秀花、吴天德:《藏羌锅庄概念探析》,《阿坝师范高等专科学校学报》2009 年第 4 期。
5. 王鉴、安富海:《地方性知识视野中的民族教育问题——甘南藏区地方性知识的社会学研究》,《甘肃社会科学》2012 年第 6 期。

第9章
灾后儿童服务督导

陈会全*

概　述

　　社会工作督导（Social Work Supervision）是社会工作专业服务的重要环节，是督导和被督导者双向互动的过程。服务的顺利开展离不开双方的合作，社会工作督导能够保证一个机构或项目的正常运转，提升服务的基本素质，保护服务对象的基本权利。它有利于社会工作专业形象的建立，并能增强社会大众对社会工作专业的认可。面对复杂多变的灾害环境和儿童多样的需求，香港理工大学四川"5·12"灾后重建学校社会工作项目自开始就引入专业督导。项目以生态视角为指引，督导帮助社工在理解儿童需要的前提下，引导社工看到儿童所在环境对其影响和环境中所拥有解决问题的资源。督导帮助社工连接家庭、学校和社区，鼓励社工以优势和能力视角看待和使用儿童自身的应对能力。为实

---

* 陈会全，男，香港理工大学社会工作硕士，成都市社会工作专家库成员，社会工作职业资格考试出题专家库成员。现任教于成都信息工程学院，研究方向为医疗康复社会工作和灾害社会工作。"5·12"汶川地震至今一直担任香港理工大学四川灾害社会心理工作项目督导，主编参编社会工作专著3部，发表论文多篇。本章行动表2中表3.4志愿者服务督导部分由李超撰写。

现上面提到的目标，督导同社工在灾区一起工作。本章为项目6年多儿童服务督导工作的梳理和总结。

良好的专业督导是加强社会工作服务机构管理与督导的内在要求，是提升社会工作服务机构服务品质的重要保证（柳拯，2011）。但截至2014年1月30日，在中国知网上输入"社会工作"和"督导"两个主题词选项，可查到116篇文章，其中关于高校社会工作学生专业实习督导的有79篇，而涉及组织机构内督导的文章只有37篇，关注震后社会工作督导的文章仅有1篇。很明显，学者特别是高等教育者关注更多的是学生在专业实习中的成长，而对于机构组织内员工督导的关注则相对较少。由于社会工作在我国处于起步阶段，社会工作督导一直是实务界的薄弱环节，这严重影响了社会工作服务品质的保证与社会工作专业的发展（沈黎、王安琪，2013）。因此，建构符合本土情境需要的社会工作督导制度已经成为当务之急（童敏，2006；沈黎、蔡维维，2009）。

徐明心（2008）认为社会工作督导的终极目标是为案主提供有效率及有效果的服务。短期目标则可从行政、教育和支持三大功能展开（郭名倞、杨巧赞等，2012；徐明心，2008）。其中行政性督导包括：员工的招募与甄选，引导与安置社会工作者，制订工作计划，分配工作任务，进行工作授权，对工作进行监控、检查和评估，协调工作，为被督导者的利益代言，充当行政管理的缓冲器等。教育性督导包括：有关机构的教育（包括机构的组织情况，行政管理情况，机构和其他机构的关系，机构在当地社区服务网络中的地位，机构的工作目标，可以提供的服务，机构内部的规章制度及制订过程和修改程序，以及机构的法律地位和拥有的权力等）、有关社会问题的教育（包括社会问题产生的原因，社区对某些特殊的社会问题的反应，所涉及的社会心理学的一些问题，对社区不同人群的影响，某些特殊问题对社会工作者和人们生活的影响，以及机构所提供的服务与该机构致力于解决的社会问题之间的关系等）、传授面临社会压力时个人和群体的变化及行为反应的相关知识、

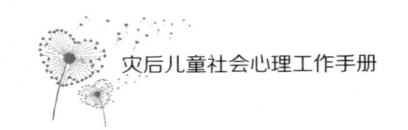

培养获取信息和对信息进行分析和理解的能力以及资源整合利用的能力、自我意识的培养等。支持性督导包括：帮助社会工作者进行压力管理，消除焦虑，减少内疚，增强自信，化解不满，坚定信念，肯定和强化社会工作者的能力，重建失去的自尊，提高自我适应能力，缓解心理痛苦，恢复心理平衡、心理满足和心理寄托，并使社会工作者重新振作起来等。

社会工作督导往往从行政、教育和支持三大功能出发展开工作，至于三者孰轻孰重，特别是行政性督导和教育性督导，一直以来也没有定数（徐明心，2008），且以功能划分社会工作督导，更多的是为了满足社会工作教育需要，即让初学者明白督导的不同功能和内容。实际上，真正的实务督导想要简单地使用三大功能把工作划分清楚基本上是不可能的。在实际工作中督导多从任务出发，综合使用督导的不同功能，即在一个任务中包含行政、教育和支持三大功能，如服务计划的制订不仅是一个行政的要求，对缺乏足够能力的员工而言也有教育和支持的功能元素。

灾害发生后从紧急救援到临时安置再到长期重建，灾区每天都在发生新的变化，如从帐篷到板房再到板房拆迁和入住永久住宅在极快的时间内完成，由于成人忙于重建，儿童在这个时期可能遇到缺乏足够照顾、生活单调等问题，在地震中受伤致残的学生在出院后也面临持续康复和返校适应的需求，伤残学生家庭也因父母再孕新生儿降生造成家庭结构发生变化等。面对复杂的灾害情景和儿童需要，年轻的灾害社会工作者不能仅靠热情提供服务，为了避免资源耗尽和人员流失，他们亟须得到来自督导的支持。笔者根据灾后社会工作的实际情况以及相关文献，将督导分为员工管理和服务督导两个行动表。

行动表1 员工管理

1. 理念

优秀的员工是社会服务项目中最宝贵的财富，员工在知识和技能方面的能力是提供高素质服务的重要保证。各个服务机构和项目都十分重视人力资源，构建一套理想的员工管理体系是机构/项目发展的必然途径（梁伟康，1990）。员工管理是指社会服务组织以提供高素质服务为目标，在行政上有关员工的一系列行为规范及指导，包括员工的招募和培训、任命、评估和激励、问题员工处理及规范化服务监控等。员工管理的意义在于保证服务品质、保护儿童等服务对象的权益、提升人们使用服务的信心、增进社会工作专业的认受性，同时有利于为组织本身积累人才、保持员工的稳定性、提升组织口碑、拓宽和深入服务等。在灾害情境下进行员工管理，如招募有潜质的员工、重视年轻社会工作者的价值观和服务能力的培养、增强员工的专业素质、提升员工的能力、保持员工团队的稳定性等一系列人力资源管理是服务前和服务中所必需的。仅凭救灾热情在复杂的灾害情境中提供服务很难长久，重要的是培养一批愿意且能够从事灾害社会工作的心力合一的人才队伍。员工管理应该与服务紧密结合，其中管理是手段，而非目的，不可本末倒置，为了方便管理而造成服务提供障碍是不被允许的。在灾后儿童服务中，员工管理首先应保护儿童权益不受侵犯，其次，应增强员工对儿童特别是灾害背景下儿童需要的理解，第三，应让员工学习如何与受灾害影响的儿童一起工作的方法。

2. 目标

2.1 保证服务的提供及质量。

2.2 培养稳定的本土灾害社工人才。

3. 主要行动

3.1 员工招募

3.1.1 确定工作内容：督导首先应根据需求评估机构/项目的宗旨

使命及资源情况、资助方的要求等确定服务方向、服务产出和服务深度，再计算出人力需求，即需要多少个什么样的员工。通常灾害儿童服务包含日常偶到服务、节日性活动、复杂的个案（如康复）、小组、其他大型活动及进班教育等，考虑社工的能力和儿童的需求，在受灾害影响的小学500名学生配备2名社工是比较合适的，即使学校不到500人，也会建议考虑至少2人一起工作，以便使员工在面对灾区工作时可以互相支持。

3.1.2 分析现有人力资源：对现有的工作团队进行分析，如工资结构的调整空间、现有工作量是否适中、工作能力是否符合、能否通过培训满足新工作的要求、男女比例、性格类别（如通过MBTI 16性格类别进行测试）、对本地情况了解程度、本地语言掌握能力等。在没有现成工作团队的前提下，熟悉本地情况、善于团队工作、耐得住寂寞的应聘者通常比较适合。女性社工很可能比男性社工更合适在灾害情况下工作，尤其在学校同小学生工作，因为她们的敏感度和稳定性都更高，但这也容易造成女性社工较多、男性社工较少的局面。然而，在学校环境中，男性社工亦有优势，特别是开展针对学校男生的工作、需要体力的工作，以及考虑员工安全。

3.1.3 开展面试

3.1.3.1 面试方式可考虑网络面试和现场面试，如果申请者距离较远，可使用网络面试。鼓励现场面试者到机构或项目所在地进行面试，一方面有利于考查申请者是否有足够的诚意，另一方面也能帮助申请者了解实际工作环境，特别是灾后不怎么理想的工作和生活环境，这将有利于进行相互筛选，做到对双方负责。面试可以分为个人面试和无结构小组面试，便于全面和深入了解一个真实的申请者。

3.1.3.2 面试时应准备面试问题清单、申请人评估表、被面试人员综合评定表、被面试人员排序表。面试时应重点关注其过往的儿童服务经验，并通过工具的使用将最有潜力的员工筛选出来。在多人面试中，面试负责人应以一人为主，其他人为辅（附录一《员工面试所需资料》）。

3.1.3.3 对于没有入围面试名单或面试失败的应聘者，招聘方应尽早回复，以便对方寻找新的工作机会。通知方式可考虑使用电子邮件，这样即使结果不理想，应聘者对机构的尊敬也有增无减。

3.1.3.4 如果可能，在正式入职前可安排两周左右的适应期，观察应聘者能否适应灾后复杂恶劣的工作环境，然后再决定是否正式录用，这样可避免一旦正式录用，对方无法面对工作环境所带来的一系列后续行政手续。

3.2 员工任命

3.2.1 帮助员工更深入地认识机构，包括机构的组织架构、人事政策、服务程序、员工的角色和职责、机构领导和同事、奖惩制度等。让新进员工更顺利、更快地进入工作状态。

3.2.2 机构可提供员工手册给新进人员，安排有经验的社工作为个人支持。机构可安排新进员工提交工作日志给督导，以便督导及时了解其工作动态和专业需要，并评估该员工在工作初期的整体表现。更重要的是，日志可以协助新进人员对工作进行系统反思，提升专业成长。

3.2.3 机构在安排新进员工入职时，应提前准备好正式劳动合同，当中注明工作内容、工作时间、薪资待遇、工作要求等。为了给新进员工购买社保，需要准备劳动合同、身份证复印件、工资标准确认书等。

3.2.4 机构在安排新进员工工作时，应先帮助其熟悉服务对象，特别是儿童的需求，鼓励与儿童尽快建立专业关系。

3.3 员工评估

3.3.1 制订员工评估指标。员工评估指标包含对工作的认识、工作态度、工作绩效、与人相处、督导表现和个人发展，此部分总分为

70 分。还可以设计员工个人目标考核，即评估员工在上一次评估后设定的新的个人目标实现程度等，此部分为 30 分（详见附录二：员工评估体系）。在评估指标体系中，应重点关注员工与儿童工作有关的绩效，如对儿童工作知识的掌握、对待儿童的态度和与儿童有关的具体实务。

3.3.2 员工评估方式

3.3.2.1 员工自我评估。员工根据过去的工作表现，结合评估体系进行打分，并将自我评估的结果发给督导。

3.3.2.2 督导评估。在员工进行自我评估的同时，督导也对该员工进行评估和打分，并且在评估表中综合阐述该员工的表现和指出需要改进之处。

3.3.2.3 共同评估。由于双方的评估得分往往不一致，本着提升员工自我意识、指出员工努力方向的目标原则，在双方评估的基础上，都有必要向对方解释打分的原因，然后双方协商出一个都能接受的分数。在共同评估中，督导可评价员工的表现、批评其消极的工作态度、给予行政上的处罚和指出今后改进的方向。在督导与员工双方坦诚深入的交流下，共同评估有利于保持服务的正确方向和质量。

3.3.2.4 绘制员工年度评估分值图。将员工评估的分数与其之前的分数及团队其他员工的得分做横向和纵向的对比，整体理解团队的工作表现，明显能够看到不同员工的工作绩效。此表可用于员工晋升参考、培训需求评估、员工个人鞭策甚至问题员工处理。

3.4 员工激励

3.4.1 激励方式：激励分为物质性激励和精神性激励，物质性激励包括晋升、奖金、培训、外出交流学习和督导的支持等。由一线员工晋升至督导助理、社工站站长，工资待遇相应的也是物质性激励的重要考量。精神性激励可以通过对社工平时表现的肯定、对员工个人专业的关心表现出来。

3.4.2 员工培训：根据服务对象的需要、员工工作能力、机构未来工作方向，机构可以安排员工参加机构内培训也可以外派参加其他机构组织的培训。培训内容包括灾害社会工作的角色、儿童生理心理发育特点、如何与儿童及其家庭工作、家长教育工作、家访、减灾备灾工作、生命教育、跨专业工作等。

3.4.3 督导的支持和肯定也是一种精神性激励，督导以个人或小组的形式，以正式或非正式的方式帮助员工理解儿童需要、制订儿童服务计划、整理儿童服务经验、提升儿童服务技巧、给予员工情感支持等，帮助员工更好地应对今后的工作，督导支持为员工提供了发展的机会。

3.5 问题员工处理

3.5.1 明确员工问题的成因：通常员工问题有工作态度恶劣、工作绩效低劣、受个人问题困扰等。态度恶劣如打骂和性侵儿童的原因可能在于对自己的恶劣态度不自觉或者对同事、上司或服务对象不满及个人具有变态行为倾向等。工作绩效低劣的原因可能在于服务技能不足、机构缺乏绩效考核指标、工作量大、缺乏督导等。个人原因可能在于情感困惑、不能有效安排个人时间、缺乏工作动机等。

3.5.2 区别对待不同原因：因为个人原因出现问题，可以通过培训提升工作技能、提供督导训练和支持、给予员工忠告、开除员工、报警及诉讼等方式解决。对于因环境因素造成的问题，可以制订完善绩效考核指标、合理分派工作任务、提供督导支持、采取纪律处分等方式。

3.5.3 纪律处分问题员工：在提供足够支持后员工仍未达到工作要求，督导者可以使用不同程度的处分，包括口头警告、书面警告、开除等，每一次处分都应说明处分的原因，并留有记录和存档。对于打骂和性侵儿童的员工应立即报警和开除。督导在处理问题员工时不能发脾气，应针对员工对工作的影响展开，督导应尽量避免公开指责员工。

3.6 退休会

3.6.1 退休会是机构/项目常常使用的一种工作方式，是服务的暂时退出和修正。对于在困难情境中工作的灾害社会工作者，有必要在工作一段时间后，离开工作地，进行一个休整并回头看过往的服务。

3.6.2 退休会上可以开展的工作有服务培训、前期服务总结、后期工作展望、团队建设、员工评估、员工激励。退休会时间根据机构/项目的工作安排，可半年一次也可一年一次。

4. 实施留意事项

4.1 留意培养本地人：本地人和懂得本地语言的申请者可以被重点考虑，他们更熟悉本地的各种脉络，也有利于建立本土的灾害社会工作人才队伍。

4.2 建立员工管理制度：管理离不开制度依据，应在员工管理的每一个部分建立详细的制度，最终形成系统完整的员工管理体系。在员工管理中按照制度行事，如根据奖惩依据，决定奖励或惩罚的力度。

4.3 工作要留痕迹：与工作有关的都应详细记录，做到有备可查，如招聘记录、奖惩记录、培训记录、评估记录、儿童服务记录等。

4.4 员工家人支持很重要：灾后的工作条件往往不理想，员工在灾区工作需要面对许多生活上的挑战，因此家人的理解和支持对于员工安心工作十分有益，招募员工时应特别留意这一点。

5. 伦理考量

5.1 员工参与管理：作为服务的实际提供者，管理的目的也是方便他们的工作。在员工培训、员工评估、服务政策等制订及退休会安排等方面都应有员工的参与。

5.2 与服务配合：管理应该配合服务的开展，应作为服务的后勤保障，根据服务的实际情况开展员工管理。如根据服务需要招募合适的员工，提供相应的培训，将其放到适合的岗位。

5.3 照顾好员工：灾后工作条件和生活条件总体上不理想，特别是在农村地区。督导者应首先安顿好员工的基本生活，为年轻的员工提供一个相对安全和舒适的生活和工作环境，而非急于开展工作。

5.4 宁缺毋滥：不能把员工放在与其能力和意愿不相符的岗位，或者为了节约人工成本，使用未必适合的临时工和志愿者。

6. 专业反思

6.1 在灾区工作员工具备3H（Heart、Head、Hand）条件很重要：Heart即"有心"，指认同专业价值观愿意为灾区民众服务。过去的经验证实"有心人"能更好地适应艰苦的工作环境，能在灾区坚持下来。"有心人"的存在也能够减少员工的流动性。Head即"有反思能力"，在灾区服务儿童及其学校、家庭，往往必须面对各种变化和挑战，员工必须不断反思。Hand即"行动能力"，不流于一味反思、"纸上谈兵"，工作有效率。培养员工3H能力可通过行政、教育和支持各种不同途径，例如通过价值观和理论运用的讨论、具体工作的跟进、退休会以及小组分享的支持等实现。

6.2 给时间、给支持很重要：面对缺乏经验、缺少足够教育的年轻社会工作者，机构/项目应该给予一定的成长时间和足够的支持，有耐心地对待每一个有心的年轻人，只要提供足够的支持和时间，每一个员工都有成长的空间。

6.3 将员工放到适合的岗位上：将员工放到适合的岗位上有利于其价值的实现，反之可能影响工作的质量和员工的稳定性。当然，项目也可以通过员工培训不断提升其对不同岗位的适应能力。

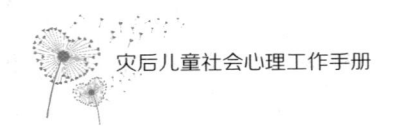

附录一：员工面试所需资料。

附录二：员工评估体系。

行动表 2　服务督导

1. 理念

王思斌（2006）认为"督导是指一个人受比较有经验、有资格的督导者或同事监督指导的过程，也是保证服务水准和增强专业发展的过程。服务督导是督导的重要方向，它期待通过督导的教育、支持和对外协调，提升服务素质，增加服务的专业元素，丰富服务类型，同时为社会工作者的服务营造一个相对宽松的环境"。当中的理念如下：

1.1　以"儿童服务为本"发展服务：无论是督导的教育功能、支持功能抑或对外关系的处理，督导工作最终指向为儿童提供高素质的服务。督导应围绕这一目标安排自己的工作。

1.2　发展专业的儿童服务：督导的工作不仅是保证儿童服务的提供，更重要的是让儿童服务体现丰富的专业元素，以区别志愿服务或其他类型的服务。在充满挑战的灾害情境，具有较低社会认受性的社会工作专业有义务通过发展专业服务提升专业形象。

1.3　服务与训练并重："做中学，学中做""摸着石头过河"。在开展儿童服务的同时通过专业训练提升专业技能，专业训练的效果也在服务中得到检验和改进。"做"与"学"两者相互促进，在提升自身技能的同时提供高素质的服务。

1.4　发展本土专业方法：在专业服务中加入本土元素，以当地民众喜闻乐见的方式开展专业工作。同时，挖掘传统社会工作当中的有效因素，通过改造赋予专业内涵，提升传统社会工作的专业性。

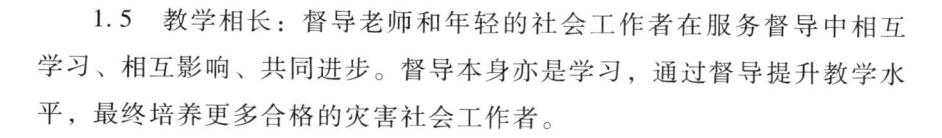

1.5 教学相长：督导老师和年轻的社会工作者在服务督导中相互学习、相互影响、共同进步。督导本身亦是学习，通过督导提升教学水平，最终培养更多合格的灾害社会工作者。

2. 目标

2.1 规范儿童服务流程。

2.2 保证儿童服务质量。

3. 主要行动

3.1 准备督导会议

3.1.1 准备会议大纲

督导需要在熟悉当前儿童服务进展及成效的基础上，拟定会议大纲，并至少提前三天发送，告知社工请其补充大纲内容并提早做好准备。

3.1.2 督导会议带领

督导会议内容一般分总结、反思、计划三个环节。即总结之前儿童服务进度、成效等，反思服务形式、内容适切性以及对需要的准确评估等，对之后的服务跟进及开展跟进计划。

3.1.2.1 服务总结

督导带领同工客观总结之前的儿童服务，总结应包括儿童服务进程顺利程度、整体进度情况、同工的参与情况、投入与产出情况、服务目标达成情况等。

3.1.2.2 服务反思

服务反思环节的重点在于，在总结的基础上，提炼出有用的儿童工作经验及需要改进或注意的教训，在保障儿童服务质量的同时，协助同工提升反思能力及专业素养。督导需特别留意此环节的回应、引导、一方面协助同工进行有效的反思,另一方面注意避免此环节变成单纯的检讨会。而督导的回应亦需要注意在价值观层面的引导。注意带领同工进行开放性的讨论、反思儿童需要,所制订服务计划的合理性,以及服务的专业性,社工的角色等。

3.1.2.3 服务计划

此环节是在前面两个环节的基础上,对计划的儿童服务进行可能的、有需要的调整,或者制订后续服务跟进计划,并制订出翔实的服务时间表及具体的人员分工。

3.2 发展服务方案

3.2.1 问题分析及需要评估:督导带领社工进行开放性的分享、汇总已收集到的信息,从个人、环境及其交互作用三个方面分析、评估儿童准确的需要。同时对所评估的需要按重要性、紧急性原则进行排序,最终得出儿童最迫切、最重要的需要。

3.2.2 制订服务目标:整合评估所得的需要,参考专业目标、资源多寡、资助方意愿等因素,结合项目的发展计划制订短期、中期、长期的儿童服务目标,目标通常按年度设立。在变化较频繁的灾区,半年计划更加贴合实际。

3.2.3 发展服务计划:根据儿童服务目标设计服务计划,这其中特别需要注意计划与儿童需要的对应以及可操作性,同时应该注意计划的系统及整体性,即各服务行动拥有共同的服务理念和服务目标,前后呼应,上下一致。具体的服务形式、内容则更多地依托头脑风暴这样的形式去发掘。发展服务计划时应留意儿童的参与,儿童参与计划制订,不仅是赋权且有助于他们对服务的承诺和参与。

3.2.4 督导应及时修改计划书并回复社工,避免出现计划书不过关影响服务质量的情况;督导应重点关注计划中操作性不强或逻辑不连贯的地方,要求社工再做思考及补充,启发社工自己再做反思,必要时可以直接给出操作性意见。

3.2.5 督导应格外重视计划书的预算部分和评估部分，本着"花该花的，省能省的"这个原则，避免出现预算不足或浪费的现象，同时确保评估方案能够实现对目标和方案本身的评估。

3.2.6 设置评估细则：社会工作评估可以从效率、效益和效能三个层次设计，其中效率指输入和输出比，即有限的投入和最大的服务输出，包含服务的数量和服务对象满意度。效益重点考虑服务本身的质量，如服务的可获得性、连续性、整合性等。效能则考虑服务的短（知识、技能、态度、意识）、中（行为、实践）、长期（社会性、经济性）效果和社会影响力等。

3.3 服务现场督导及反馈

3.3.1 观察记录：督导出现在儿童服务现场，但尽量不参与服务过程，其间对员工带领中表现出的价值观、技巧、知识等做出记录（如果该过程有录影，过后可以针对相关部分进行更具体的讨论）。在万不得已的情况下，如儿童有危险或员工无法继续带领，督导不介入活动本身，以让员工有机会、空间学习和成长。

3.3.2 服务反馈：先请员工自己指出服务中表现理想的再指出需要改进的地方，然后督导指出员工在活动带领中好的方面，特别要肯定员工的投入，接着再指出需要改进的地方，并指出原因和解释。

3.4 志愿者服务督导

3.4.1 宣传、招募

志愿者管理的一切工作，应当是建立在儿童需要的基础上。我们在对儿童的需要进行分析后，得出志愿者资源的需求情况。

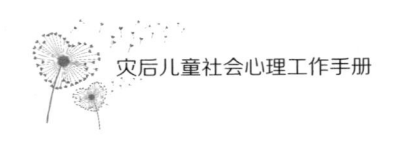

3.4.2 面试、筛选

一方面澄清双方的期望、目的，另一方面将志愿者资源与儿童的需要配对。引导志愿者对自己的志愿服务做一定的规划和要求，让他们对自己参与志愿服务带有"一定的目的性"。

3.4.3 志愿者见面会

将所有志愿者集中在一起，通过PPT的方式向志愿者集中介绍社工服务和志愿服务内容。志愿者对他们所"合作"的社工站会有一定的认识，对他们即将参加的志愿服务有更清晰的了解，即"服务对象的需要"。对于和儿童工作的伦理考量的讨论和定位，尤其是尊重儿童、尊重家长、不伤害儿童、聆听儿童的需要等，必须清晰且有系统地介绍和讨论。

3.4.4 志愿者培训

在服务培训中，社工会根据具体的儿童服务需要，培训志愿者具体的服务技巧，如入户访问技巧、绘制家庭结构图、与小朋友的相处技巧等；在个人探索培训中，社工关注志愿者作为一个个体，带领他们对自我、生命的内容有一定的思考，如参与志愿服务，他们带来了什么，离开的时候他们可以带走什么；最后通过社工站和儿童保持联系等必须清楚交代。

3.4.5 志愿者团队建设

团队建设可以是一场团队内部经验交流会，也可以是一场茶话会、外出等，而对于团队里面的小分队，也可以尝试设计更多的历险类游戏。

3.4.6 志愿者领袖培养

在儿童服务中，社工应注意观察志愿者的表现，给其中表现积极、主动的志愿者更大发挥的平台，如任命为志愿者小队长，或尝试让他们主导一次活动，并持续给予支持。在他们完成一定时间的志愿服务后，给他们新的工作内容，以保持新鲜性。如在志愿者发展较好后，项目成立服务统筹小组、服务评估小组、培训小组等，鼓励领袖志愿者扮演其中的角色，一方面让志愿服务更有系统，另一方面则让他们在志愿服务中有新的参与，这样更能培养他们站在宏观、客观的角度看待志愿服务。

3.4.7 志愿者嘉奖会

志愿者嘉奖会，是对志愿者的嘉奖、表彰，同样也是对志愿者的鼓励、打气。社工站会让志愿者感受到来自儿童的认可、肯定，只有儿童的认可、肯定对他们来讲才是最大的荣誉和成就，他们也会更有存在感。通常会采用记录服务对象的反馈或邀请服务对象为志愿者颁奖这样的形式，在条件允许的情况下，也可以邀请当地政府参加。

4. 实施留意事项

4.1 服务督导是一个整体：在实际操作当中，不能简单地将服务督导划分成几个独立的部分，实际上各部分是一个有机整体，一次服务督导往往包含几个甚至全部内容，只有将各部分有效地连接起来才能提供有质量的服务。

4.2 使用生态视角：应在生态视角的指引下看待服务对象的需求和资源，同时认识到社会工作也是其生态系统的资源之一。服务督导的目的也在于建立支持性的环境，如顺利进入灾区、开展服务协调、发展服务方案、开展志愿服务和服务转介等。

4.3 督导不能搞"一言堂"：督导者应避免出现督导说了算的"一言堂"，不给员工发言机会，但要求员工承担实际工作。这样既不利于团结也无法保障员工认可服务计划进而影响服务的顺利开展。

4.4 陷入权力游戏：督导和被督导者之间存在权力博弈，督导应避免使用"弄权"和"去权"，也应避免员工对督导使用"投其所好""博取同情""挑战权威"等方式来"控制"督导。

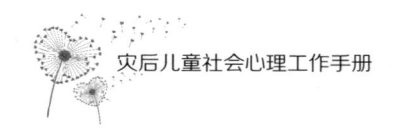

5. 伦理考量

5.1 员工的参与：如前所述，具体工作为员工承担，因此在服务的每一个环节，都应该鼓励和创造条件让员工参与。员工参与既是一个学习的过程，也有利于员工对服务的认可和承诺，有利于实现服务的统一性和延续性。

5.2 以需求为本：服务督导的目的在于更好地回应服务对象的需求，不论服务督导的哪一个环节，归根结底都是为了回应需求，不能出现脱离需求的服务督导，那只会变成"无源之水""纸上谈兵"，对从业者和专业本身的发展都没有好处。

6. 专业反思

6.1 督导应站稳立场，如不应因校长、主任的要求而让社工放弃儿童服务的专业性：虽然他们能够左右服务的成败，为了儿童的需要和服务的顺利提供，应该跟他们保持好的合作关系，但绝对不能因为要保持合作关系，而委曲求全丧失自己的专业性，造成不必要的资源、精力浪费，甚至伤害儿童本身。

6.2 督导应与不同的机构建立良好关系：灾区机构之间有的有合作，有的则没有合作。无论如何，为了儿童的利益和建立良好的专业形象，都应该同真正做服务的机构保持良好的关系，双方相互尊重、相互协商，互不打扰，为不同的儿童或儿童不同方面的需求提供服务，避免资源的重复和浪费。

6.3 关系的建立从开始到结束：服务机构为了进入灾区需要跟当地人建立关系，特别是同学校领导和家长建立关系，而这种关系也随着灾后重建的不断推进需要调试和维持。不能急功近利地认为只需要在开始建立关系，实际上随着儿童需求的变化和关键人物的变化，服务机构需要敏感地进行调整和跟进。

6.4 督导应让社工理解真正的关系还是从服务中建立：社会工作通过行动来阐释自己，只有不断提供服务，当地人才能真正明白何为社会工作，知道社会工作的工作方式和特点。服务本身也是建立关系的绝佳途径，通过参加服务拉近社会工作者与当地人的距离，便于今后进一步进行服务跟进。

参考文献

1. 徐明心：《社会工作督导：脉络与概念》，台北：心理出版社，2008。
2. 沈黎、王安琪：《本土社会工作督导运作状况研究——基于上海社会工作实务界的探索性分析》，《社会工作》2013年第1期。
3. 郭名倞、杨巧赞等：《机构社会工作中督导的功能》，《社会福利（理论版）》2012年第6期。
4. 沈黎、蔡维维：《社会工作研究的理念类型分析——基于〈社会工作〉下半月（学术版）的文献研究》，《社会工作（学术版）》2009年第2期。
5. 童敏：《中国本土社会工作专业实践的基本处境及其督导者的基本角色》，《社会》2006年第3期。
6. 柳拯：《社会工作服务机构管理与督导需要解决的几个问题》，《中国社会工作》2011年第12期。
7. 梁伟康：《社会服务机构行政管理与实践》，香港：集贤社，1990。
8. 王思斌：《社会行政》，高等教育出版社，2006。

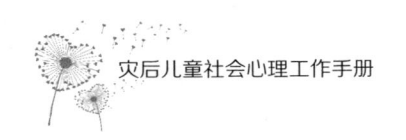

附录一 员工面试所需资料

香港理工大学四川灾害社会心理工作项目
被面试人员综合评定记录表

姓 名		应聘职位		职位类别/等级	
对面试者的综合评定（请在适当的□中打"√"）					
1. 教育背景	□ 很适合	□ 适合	□ 一般	□ 不适合	□ 很不适合
2. 专业能力	□ 很适合	□ 适合	□ 一般	□ 不适合	□ 很不适合
3. 研究能力（非研究人员不评定）					
	□ 很强	□ 强	□ 一般	□ 弱	□ 很弱
4. 计算机能力	□ 很强	□ 强	□ 一般	□ 弱	□ 很弱
5. 英文能力					
阅读	□ 很强	□ 强	□ 一般	□ 弱	□ 很弱
写作	□ 很强	□ 强	□ 一般	□ 弱	□ 很弱
听力	□ 很强	□ 强	□ 一般	□ 弱	□ 很弱
口语	□ 很强	□ 强	□ 一般	□ 弱	□ 很弱
6. 表达能力	□ 很强	□ 强	□ 一般	□ 弱	□ 很弱
7. 组织协调能力	□ 很强	□ 强	□ 一般	□ 弱	□ 很弱
8. 工作态度	□ 很好	□ 好	□ 一般	□ 差	□ 很差
综合评价（结合以上各项指标，对该人员进行总体评定）：					
结 论：	□ 很能胜任	□ 能胜任		□ 一般	□ 不能胜任
评定人签署：					
					日期：

香港理工大学四川灾害社会心理工作项目
申请人评估表（机密）

申请职位：_____

面试日期：_____/_____/_____　　面试地点：_____

个人信息

申请者全名：_____

通信地址：_____

城市：_____省（州）_____

详细联系方式：

_____（私人电话号码）_____（移动电话号码）

_____（邮箱）

学历：_____

第一印象

申请人给人的第一印象如何？

（　）第一印象非常差

（　）第一印象比较差

（　）某些方面印象好，某些方面印象差

（　）第一印象比较好

（　）第一印象非常好

评论：_____

外表

申请者的外表留给你怎样的印象？

（　）不整洁，不修边幅

（　）太过讲究，华而不实

（ ）外表很得体

评论：_____

自我表现

申请人如何恰当地用英文表达他/她的观点？

（ ）非常差——不清楚、含糊

（ ）差——难以理解且单一无味

（ ）能够理解，但是并不十分流畅

（ ）好——清楚明白，易于理解

（ ）非常好——流畅、有逻辑且有说服力

评论：_____

行为

申请人在面试期间的行为如何？请圈出：

胆怯，盛气凌人，粗鲁，傲慢，不成熟，讨好，紧张，激动，冷漠，积极，自信，有把握，机智，轻松，热情，友好，愉快，被动

评论：_____

反应

申请人的警觉性如何？

（ ）反应迟钝，没有进入面试角色，理解很慢

（ ）仅仅直接回答问题，没有更多自由发挥的信息，显得有一些回避

（ ）很好地聆听着，回应很好，能够抓住重点

（ ）机灵，细心，反应很快，能够快速准确地抓住问题的本质

评论：_____

背景

申请人的经历、教育和培训背景如何？

( ) 几乎没有相关背景，经验不足

( ) 背景和教育与此份工作有一定的关系，接受过承担此份工作的适当教育

( ) 背景能很好地适应这份工作，有适当的经验，教育专业对口

( ) 背景和教育非常适合这份工作，理念也符合这份工作，非常合适

评论：＿＿＿＿＿＿＿＿＿＿＿＿＿＿＿＿＿＿＿＿＿＿＿＿＿＿＿＿＿＿

表现记录

( ) 几乎没有关于过去成功、背景及可疑情况的证明

( ) 有关于过去成绩良好记录和有成长的潜力

( ) 有非常好的历史记录，有非常大的成长潜力

评论：＿＿＿＿＿＿＿＿＿＿＿＿＿＿＿＿＿＿＿＿＿＿＿＿＿＿＿＿＿＿

团队合作

( ) 有同其他人一起工作的能力

( ) 有迹象表明会同上司以及一起工作的下属产生摩擦

( ) 看起来喜欢独自行事，但是如果需要可以与其他人一起合作

( ) 看起来是一个非常不错的团队成员

评论：＿＿＿＿＿＿＿＿＿＿＿＿＿＿＿＿＿＿＿＿＿＿＿＿＿＿＿＿＿＿

未来计划

( ) 没有清晰的目标，是一种毫无目的的行为

( ) 想要获得这份工作，除此之外没有进一步的思考

（　　）有雄心，勤奋，之前有计划

评论：_____

申请人动机

此时哪些因素可能会影响申请人有意向申请我们公司的职位？为什么申请人会离开他/她现在的职位？

有何保留

在这个职位上，申请人预设的条件（如果有）是什么？（考虑到以下因素：比如工作地点、旅行、补偿、提升、机会等）

其他职位

此申请人更适合其他职务或环境吗？

明显的优势和局限

申请者的明显优势和局限是什么？对于进一步的培训和发展（如果有）有什么建议？

总体评价

（　　）好　　（　　）一般　　（　　）不适合

面试负责人姓名：

签名：

Adapted from Raymond Stone，*Human Resource Management*，*Chapter 7 Employee Selection*（2010）

附录二　员工评估体系

评核期由＿＿年＿月＿日（或以后）至＿＿年＿月＿日

（1）个人资料

姓名：＿＿＿＿＿＿　　　　　　　　　职位：＿＿＿＿＿＿

（2）个人目标绩效评核表

此部评分权重（Weights）：30%

有关各工作目标的个人目标策划表（如计划、指标完成日期等），请参阅附表甲。

个人工作目标* （请以优次排列） （Objectives）	员工自我评估 （Self Evaluation）	督导评估 （Supervisor's Evaluation）

＊目标不宜少于4个及多于6个。

所有目标评分（以100分为满分）：

此部加权分数（Weighed Points）：　　0　　（×）30%

→目标评分×此部权重

如篇幅更大，请于另页继续书写

（3）主要工作能力评核

此部评分权重（Weights）：70%

有关各评估项目下的评分表现指标，请参阅附表乙。

在考核时，考核者可就被考核者的工作内容对评分表现指标内的描述做适量删减；若该考核项目并不适用于该名被评价者，请选择"不适用"，该项目便不会计算在得分比率内。

评估项目	评 分	
（一）工作知识（15%）		
1. 知识储备	○1　○2　○3　○4　○5　○6	○不适用
2. 介入理念	○1　○2　○3　○4　○5　○6	○不适用
3. 专业知识	○1　○2　○3　○4　○5　○6	○不适用
4. 服务反思	○1　○2　○3　○4　○5　○6	○不适用
5. 专业发展	○1　○2　○3　○4　○5　○6	○不适用
项目（一）得分比率：	0　／　30×　15%　=	
（二）工作技能（25%）		
1. 专业技巧	○1　○2　○3　○4　○5　○6	○不适用
2. 分析能力	○1　○2　○3　○4　○5　○6	○不适用
3. 组织能力	○1　○2　○3　○4　○5　○6	○不适用
4. 沟通能力	○1　○2　○3　○4　○5　○6	○不适用
5. 解决问题	○1　○2　○3　○4　○5　○6	○不适用
6. 资源运用	○1　○2　○3　○4　○5　○6	○不适用
项目（二）得分比率：	0　／　36×　25%　=	
（三）工作态度（30%）		
1. 责任感	○1　○2　○3　○4　○5　○6	○不适用
2. 投入感	○1　○2　○3　○4　○5　○6	○不适用
3. 对服务对象的态度	○1　○2　○3　○4　○5　○6	○不适用
4. 对督导的态度	○1　○2　○3　○4　○5　○6	○不适用
项目（三）得分比率：	0　／　24×　30%　=	

续表

评估项目	评 分						
（四）个人效能（30%）							
1. 领导能力	○1	○2	○3	○4	○5	○6	○不适用
2. 创意	○1	○2	○3	○4	○5	○6	○不适用
3. 应变能力	○1	○2	○3	○4	○5	○6	○不适用
4. 压力应对能力	○1	○2	○3	○4	○5	○6	○不适用
5. 主动性	○1	○2	○3	○4	○5	○6	○不适用
6. 工作效率	○1	○2	○3	○4	○5	○6	○不适用
7. 团队协作	○1	○2	○3	○4	○5	○6	○不适用
项目（四）得分比率：	0 / 42 × 30% =						
总得分 =	0.00						

此部加权分数（Weighted Points）： 0.00（Y）
→主要工作能力评分 × 此部分权重
目标绩效及主要工作能力两部分合计总分数（X+Y）
（等级：   ）
总体评分等级 -   分数   等级
                    80 分或以上   A   ——表现突出
                    70~79 分   B   ——表现优异
                    60~69 分   C   ——表现良好
                    50~59 分   D   ——表现普通/有待改善
                    50 分以下   E   ——表现欠佳

(4) 整体考核结果及评语*	

(5) 员工发展需要及检讨*	完成日期（如适用）

(6) 接受评核雇员对评估意见/工作感受
接纳。不接纳，并要求复核。不接纳，但不要求复核。 意见/感受：

接受评核雇员姓名及签署　　　　　督导姓名及签署　　　　　项目负责人姓名及签署

日期　　　　　　　　　　　　　日期　　　　　　　　　　日期

＊如篇幅更大，请于另页填写
员工姓名：　　　　　　　　　　职位/所属社工站：

附表甲　个人目标策划表

（Ⅰ）个人工作目标* （请以优次排列） （Objectives）	（Ⅱ）实践行动/计划 （Activities）	（Ⅲ）工作表现指标 （Performance Indicators）	（Ⅳ）完成日期 （Completion Date）

* 目标不宜少于4个及多于6个。
如篇幅更大，请于另页继续书写。

附表乙：主要工作能力评核

员工姓名：

（一）工作知识（15%）

1. 知识储备

6：能运用专业的理论和知识，分析服务对象（如学生、家长、老师等）的需要及问题做出全面的评估

5：能察觉服务对象的需要，并能就他们遇到的问题做出适当的评估

4：能对一般服务对象的需要及问题做出适当的评估

3：对服务对象的需要认识不足，评估问题的成因不够全面

2：在少量督导下，才能准确评估服务对象的需要和困难

1：忽视服务对象的需要，不能有效评估他们的问题成因

补充/备注：

2. 介入理念

6：熟悉专业的介入理论，能充分考虑服务对象（如学生、家长、老师等）的需要及特性，拟订适当的介入计划

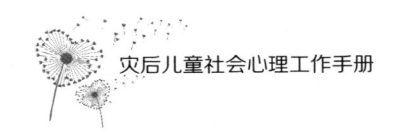

5：能运用介入理念，按服务对象的需要，拟定适当的介入计划

4：能按一般服务对象的需要，独立拟定有系统的介入计划

3：在少量督导下，能按一般服务对象的需要拟定介入计划

2：介入理论知识基础薄弱，对编订介入计划有困难

1：介入理论知识贫乏，未能应付服务对象的需要

补充/备注：

3. 专业知识

6：熟悉专业服务之理念及政策，具备有关专业知识，能有效应用于日常工作中

5：认识专业服务理念，具备有关的专业知识，能自行应用于日常工作中

4：对专业概念及有关专业知识有基本认识，能应付一般工作需要

3：对专业概念及有关专业知识有基本认识，在督导/顾问少量督导下，能应用于工作岗位上

2：对专业概念及有关专业知识薄弱，在督导/顾问经常提点下才能应用于工作上

1：对专业概念及有关专业知识贫乏，不能应付工作上的需要

补充/备注：

4. 服务反思

6：能运用不同检讨方法来评量（评价、评估）服务，能反省及吸收工作经验，以提升个人的工作能力

5：认识服务检讨程序及方法，能通过服务经验的整合，吸收工作经验

4：对服务检讨程序及方法有基本认识，能对一般的服务进行检讨

3：在少量督导下，明白服务的检讨程序及方法，能对一般的服务

进行检讨

2：服务检讨知识薄弱，需督导/顾问经常督导，才能检讨服务及收集有关服务的意见

1：缺乏服务检讨知识，未能运用于社会工作实务上

补充/备注：

5．专业发展

6：不断提升个人之专业水平，积极改善服务质量

5：积极参与专业发展及培训活动，以增进专业知识

4：愿意参与专业发展活动，学习新知识及充实自我

3：在督导/顾问提点及要求下，参与相关的训练活动

2：欠缺学习新知识的意识，并没有具体发展自我的动机

1：忽略个人专业发展，从不参与专业发展活动

补充/备注：

（二）工作技能（25%）

1．专业技巧

6：能自行决定及运用合适的介入方法及技巧，服务水平良好

5：能适当地运用介入方法及技巧，只在处理较复杂的个案、小组或活动上，才需协助解决

4：能因应一般服务对象（如学生、家长、老师等）的需要，运用适当的介入方法及技巧

3：在少量督导下，能因应一般服务对象的需要，运用适当的介入方法及技巧

2：在经常督导下，方能了解服务对象的需要，掌握适当的介入方法及技巧上常有困难

1：在督导下仍未能了解服务对象的基本需要，未能运用恰当的介

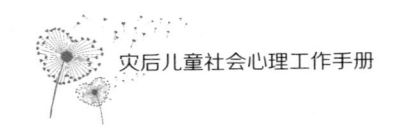

入方法及技巧

补充/备注：

2. 分析能力

6：能经常仔细分析情况/问题的成因，按照缓急及实际情况，做出适切的判断及跟进行动

5：在大部分情况下能分析问题的成因，按照缓急及实际情况，做出合理的判断及跟进

4：在一般情况下能分析问题的成因，做出合理的判断及跟进

3：在少量督导下，能分析一般情况/问题的成因，做出判断及跟进

2：经常需要督导/顾问的督导，才能分析情况/问题的成因及做出相应的判断

1：即使在督导/顾问的督导下仍表现出欠缺分析力，亦未能就简单事情做出判断

补充/备注：

3. 组织能力

6：能自行有系统地策划、协调及安排工作，并监察工作进度，务求工作能达至预期效果

5：能有系统地策划、协调及安排工作，并留意工作的进度，力求保持工作质量

4：能策划、协调及安排工作，并保持工作的进度

3：在少量督导下，能策划、协调及安排一般工作，并保持工作进度

2：缺乏工作计划，未能有系统地协调及安排工作，以致影响工作进度，经常需要督导

1：没有系统地策划及协调工作，未能达至工作要求，以致耽误工

作进度及降低工作质量

补充/备注：

（三）工作态度（30%）

1. 责任感

6：勇于承担责任，积极寻求解决问题及改善和防范各种问题的发生，全心全意把工作做到最好

5：乐于承担责任，并能经常检讨工作，做出改善

4：愿意承担责任，能履行职务及检讨工作，并尝试做出改善

3：愿意承担责任，并履行职务

2：不愿意承担责任及履行职务，以致影响服务/工作

1：逃避责任，经常疏忽职守

补充/备注：

2. 投入感

6：工作态度非常积极，经常致力于提高个人工作能力，关注服务发展，主动承担额外的工作

5：工作态度积极，重视工作质量，并乐意在有需要时，承担额外的工作

4：工作态度良好，愿意提升工作能力以配合服务发展的需要

3：工作态度一般，能履行基本的职责

2：工作态度敷衍了事，影响服务的质量

1：工作态度不认真及松散，缺乏改善的动机，严重影响服务的质量

补充/备注：

3．对服务对象（如学生、家长、老师等）的态度

6：态度亲切和有耐性，能与服务对象融洽相处。明白和接纳服务对象的限制，关心他们的需要/潜能/发展，凡事以他们的利益为重

5：态度亲切和有耐性，明白和接纳服务对象的限制，主动加以协助

4：喜欢与服务对象相处，关心他们的身心健康及发展

3：态度友善，能与服务对象相处

2：偶尔会表现出不耐烦或对服务对象产生偏爱/冷漠，忽略他们的苦难/限制和需要

1：常常表现出不耐烦、不礼貌或脾气暴躁，不理会服务对象的困难和限制

补充/备注：

4．对督导的态度

6：欢迎督导给予意见和批评，与督导沟通和积极参与检讨自己社工站的工作，并能修订改进计划，使工作做得更好

5：能以开放的态度听取督导的意见及批评，并与顾问/督导沟通，积极寻求改善的方法

4：能以开放的态度听取督导的意见及批评，并尝试加以改善

3：愿意听取督导的批评、意见或要求

2：不理会督导的批评、意见或要求，未有改善的动机

1：对督导采取不合作态度，抗拒任何改善计划

补充/备注：

（四）个人效能（30%）

1．领导能力

6：能配合社工站的发展方向，有效地分工及激励士气，带领团队

上下一心以达到目标,行为可以成为模范

5:能有效地分工及促进团队精神,为达成所订立的目标而努力

4:能做出清晰的分工和指示,定期了解进度并跟进,并协助队员间建立互助合作精神

3:大致能做出清晰的分工和指示以达到目标

2:需要顾问/督导的协助,才能履行领导下属的工作

1:在顾问/督导的协助下,仍未能履行领导下属的工作

补充/备注:

2. 创意

6:富有创意,能提倡新意及工作方向,愿意承担风险并积极实践,务求使服务/工作质量不断提升

5:因应实际需要,以创新的意念,改善工作模式/方法/方向,并乐于尝试

4:能提出创新和建设性的意见,改善工作模式

3:以务实的态度处理工作,其间能提出创新的意见

2:公式化地依从指示工作,很少有创新的意见,不愿意做出新尝试

1:工作因循(循规蹈矩),缺乏想象力,拒绝做出任何新的尝试

补充/备注:

3. 应变能力

6:应变能力很高,经常能迅速及有效地面对改变及处理危机

5:应变能力高,能有弹性和有效地面对改变及处理危机

4:具备应变能力,能面对改变及处理危机

3:应变能力普通,一般能面对改变

2:应变能力勉强合格,需要协助方能面对改变

1：缺乏应变能力，因循办事，在协助下仍未能面对改变

补充/备注：

4. 压力应对能力

6：能以积极乐观的态度去面对及处理工作压力，并能保持一贯的工作表现

5：能以正面态度承受工作压力，并能保持一贯的工作表现

4：能承受工作压力并能履行日常职务

3：承受工作压力时，大致都能履行日常职务

2：面对工作压力时，未能履行日常职务

1：在面对工作压力时，工作混乱，表现束手无策

补充/备注：

5. 主动性

6：自主性强，除指定的工作外，能经常主动发掘服务对象/工作的需要，并自行制订具体细节及有效地完成工作

5：除指定的工作外，能主动发掘服务对象/工作的需要，并自行制订具体细节及做妥善的安排

4：能在指定的范围工作，并能主动提出有建设性及可行的建议

3：能在指定的范围工作，其间能就具体执行方法提出意见及建议

2：被动地执行指定范围的工作

1：缺乏主动性，凡事均依靠督导/顾问的指导，不愿自行思考

补充/备注：

6. 工作效率

6：工作效率极高，能迅速完成所有工作

5：工作效率高，除了能准时完成所有工作外，亦能迅速完成一些

迫切的工作

4：工作效率令人满意，除了能准时完成工作外，其间亦能及早完成一些迫切的工作

3：工作效率普通，除稍有延误外，一般能在指定时间内完成工作

2：工作效率低，需要提醒方能在指定时间内完成工作，未能符合实际工作要求

1：工作效率极低，常拖延工作，影响整体的运作及服务水平

补充/备注：

7. 团队协作

6：态度亲切热诚，能主动地与同事沟通及交换心得，力求进一步提升彼此间的默契和团队精神，乐于接纳意见及帮助同事

5：态度亲切、主动，能与同事精诚合作，彼此建立良好的默契，工作配合得顺畅

4：态度友善，能主动与同事沟通及合作

3：态度一般，大致能与同事合作

2：容易与同事有争执/误解，彼此的沟通不足及不合作

1：未能与同事合作及彼此间欠缺沟通，没有改善的动机

感谢怡和集团集团旗下慈善组织"思健",自 2009 年起与香港理工大学"四川灾害社会心理工作项目"紧密合作,谨此诚意感谢"思健"对项目和本书的大力资助。特别感谢地震极重灾区映秀、汉旺两地受灾害影响的人们,是他们的理解和支持才使得项目顺利开展,我们从他们身上获益良多。

沈文伟
2015 年 1 月

图书在版编目(CIP)数据

灾后儿童社会心理工作手册/沈文伟主编.—北京:社会科学文献出版社,2015.3
(中国灾害社会心理工作丛书)
ISBN 978-7-5097-6456-5

Ⅰ.①灾… Ⅱ.①沈… Ⅲ.①自然灾害-灾区-儿童-心理保健-手册 Ⅳ.①B845.67-62②R179-62

中国版本图书馆 CIP 数据核字(2014)第 207451 号

·中国灾害社会心理工作丛书·

灾后儿童社会心理工作手册

主　　编 / 沈文伟
副 主 编 / 陈会全

出 版 人 / 谢寿光
项目统筹 / 高　雁
责任编辑 / 高　雁　黄　利

出　　版 / 社会科学文献出版社·经济与管理出版分社(010)59367226
　　　　　　地址:北京市北三环中路甲29号院华龙大厦　邮编:100029
　　　　　　网址:www.ssap.com.cn
发　　行 / 市场营销中心(010)59367081　59367090
　　　　　　读者服务中心(010)59367028
印　　装 / 三河市尚艺印装有限公司

规　　格 / 开　本:787mm×1092mm　1/16
　　　　　　印　张:17　字　数:231千字
版　　次 / 2015年3月第1版　2015年3月第1次印刷
书　　号 / ISBN 978-7-5097-6456-5
定　　价 / 69.00元

本书如有破损、缺页、装订错误,请与本社读者服务中心联系更换

▲ 版权所有 翻印必究